新工科·普通高等教育机电类系列教材
"十二五"普通高等教育本科国家级规划教材
普通高等教育"十一五"国家级规划教材

数控技术

第3版

主　编　王永青　刘海波　杨有君
参　编　刘　阔　陶　冶　李　特
　　　　李　旭　陈　虎　于　东
主　审　王先逵

机械工业出版社

数控技术是用数字化信息对机械运动和工作过程进行自动控制的一门技术，它集机械制造技术、计算机技术、通信技术、控制技术、伺服驱动技术、光电技术、软件技术于一体，是现代制造业不可或缺的核心基础技术，对制造业实现数字化、自动化、网络化和智能化起着举足轻重的作用。

本书结合数控技术发展现状和编者在该领域多年的教学科研经验积累，进行了知识梳理和章节设计。全书共10章，内容主要包括：概论、数控编程基础、数控插补原理、位置检测装置、伺服驱动系统、数控机床I/O接口、总线式数控系统、位置控制与误差补偿、数控机床结构及关键功能部件、3D打印数控技术与典型装备。

本书是新工科·普通高等教育机电类系列教材、"十二五"普通高等教育本科国家级规划教材、普通高等教育"十一五"国家级规划教材，可作为高等院校机械类专业高年级本科生及研究生的教材和参考书，同时对从事数控技术及装备开发的科研人员和工程技术人员也具有一定的参考价值。

图书在版编目（CIP）数据

数控技术/王永青，刘海波，杨有君主编. —3 版. —北京：机械工业出版社，2023.5

"十二五"普通高等教育本科国家级规划教材 新工科·普通高等教育机电类系列教材 普通高等教育"十一五"国家级规划教材

ISBN 978-7-111-72586-2

Ⅰ.①数… Ⅱ.①王… ②刘… ③杨… Ⅲ.①数控机床-高等学校-教材 Ⅳ.①TG659

中国国家版本馆 CIP 数据核字（2023）第 021585 号

机械工业出版社（北京市百万庄大街22号 邮政编码100037）

策划编辑：刘小慧 责任编辑：徐鲁融 王 荣
责任校对：张亚楠 于伟蓉 封面设计：张 静
责任印制：任维东

北京中兴印刷有限公司印刷

2023 年 7 月第 3 版第 1 次印刷

184mm×260mm · 11.25 印张 · 278 千字

标准书号：ISBN 978-7-111-72586-2

定价：39.00 元

电话服务 网络服务
客服电话：010-88361066 机 工 官 网：www.cmpbook.com
010-88379833 机 工 官 博：weibo.com/cmp1952
010-68326294 金 书 网：www.golden-book.com
封底无防伪标均为盗版 机工教育服务网：www.cmpedu.com

前　言

　　数控技术及装备不仅给传统制造业带来了革命性的变化，而且推动了高新技术产业、现代工业的快速发展，其应用水平标志着一个国家的工业生产能力和科学技术水平。高档数控机床是国际竞争的重要战略物资。大力发展和普及数控技术已成为世界各国加速工业经济发展、提高综合国力的重要途径。

　　本书是教育部评定的"十二五"普通高等教育本科国家级规划教材、普通高等教育"十一五"国家级规划教材。在本书编写过程中，编者结合多年来的教学、科研和工程实践成果，既注重数控技术的基本概念、基本原理和基本方法，又力图做到内容充实、新颖，使本书能够反映现代数控技术的发展状态，并具有一定的实用价值。

　　本书在第2版的基础上，结合数控技术当前的发展水平，重新规划和完善了章节内容。全书共设置10章，修改完善了第1~6、9章的内容，补充了第7、8、10章的内容。第1章介绍了数控技术的相关基本概念，数控机床的基本组成、特点与分类，数控技术的发展历程和发展趋势等；第2章介绍了数控编程基础，主要包括基本流程和主要方法、坐标系、加工程序的基本构成、图形交互式自动编程等；第3章介绍了数控插补的基本原理及主要插补运算方法，以及指令译码、刀具补偿计算、进给速度计算、加减速控制等CNC数据处理技术；第4章介绍了数控机床的位置检测装置，主要包括增量式和绝对式两类；第5章介绍了数控机床常用的进给伺服驱动系统及其控制方式；第6章介绍了数控机床I/O信号及接口、I/O的PLC控制原理与典型应用；第7章介绍了总线式数控系统的概念、体系结构、技术特征以及典型商用系统；第8章介绍了机床位置控制与误差补偿的基本原理、方法；第9章介绍了数控机床结构及关键功能部件，包括机床结构、主轴系统、直线进给系统、回转进给系统等；第10章介绍了3D打印数控技术与典型装备。

　　多位长期从事数控技术教学与科研的编者参与了本书的编写，具体分工如下：第1章、第4章由王永青编写，第2章由杨有君编写，第3章、第5章由刘海波编写，第6章由陶冶编写，第7章由王永青、于东编写，第8章由刘阔、李旭编写，第9章由刘海波、陈虎编写，第10章由王永青、李特编写。全书由王永青、刘海波统稿和定稿。

　　本书由王先逵教授主审，在此表示衷心的感谢！

　　本书得到大连理工大学重点教材建设项目的资助，在此表示衷心的感谢！

　　在本书编写过程中，编者所指导的博士研究生和硕士研究生协助完成了书中大部分图形的绘制、部分文字的录入和整理工作，对学生们的辛勤工作和支持表示衷心的感谢！

　　编者编写本书时参阅了大量的参考文献，在此表示衷心的感谢！

　　感谢辽宁省精品课程"数控技术"教学团队多年来开展的教学研究和工程实践工

作，这些工作为本书的编写奠定了良好基础。特别感谢课题组的贾振元院士、王福吉教授、盛贤君教授、刘巍教授、杨睿教授等与编者在数控技术领域的长期合作！

　　由于编者学识水平和经验有限，书中难免会出现不足或纰漏，恳请广大读者批评指正。

编　者

目　录

第1章 概　　论

1.1　概述

人类对客观世界的认知具有连续—离散的认知规律。例如，人眼见到的图像是连续的，而数码相机拍摄所获得的照片是离散的；电影或电视利用人眼的视觉暂留效应，一帧帧地呈现渐变的离散静止图片，就形成了视觉上连续的活动图像。人类对制造的认知也具有相似的特征。工业化初期的零件制造过程往往是连续的，发展到一定阶段就会呈现离散化的趋势，而"数控"是制造离散化、数字化的典型体现。

数控技术源于高端装备复杂零件的高效精密加工需求。1948 年，为解决飞机螺旋桨叶片轮廓样板"柔性"自动化加工难题，美国帕森斯公司（Parsons Co.）首次提出了基于"数字坐标法"的数控思想，并得到美国空军的支持。1952 年，该公司与麻省理工学院（MIT）伺服机构研究室合作，通过对普通铣床的数控改造，成功研制出世界上第一台三坐标数控机床。由此，装备制造业步入数控时代。

现代机械制造中大量采用了以数控技术为核心的数控装备。航空航天、航海、能源动力等核心领域的高端装备制造中广泛采用了数控技术，以提高其制造能力和水平，增强产品对市场的适应性和竞争力。例如，航空发动机叶片、船用螺旋桨与曲轴、大型压缩机整体叶轮等复杂曲面零件的加工往往需要借助多轴数控机床对刀具运动的数字控制，才能满足其设计复杂型面的加工要求。为此，大力发展以数控技术为核心之一的先进制造技术已成为世界各国加速制造业发展、提高综合国力的重要途径。

1.2　数控技术的基本内涵

1.2.1　相关基本概念

（1）数控技术　数控技术是指利用数字化信息（数字及字符）构成的程序对控制对象的工作过程实现自动控制的一门技术，简称数控（Numerical Control，NC），其本质是将数字计算技术应用于机床控制。数控技术融合了机械制造、信息处理、信号传输、自动控制、伺服驱动、传感器和软件等方面的相关技术成果，可实现的控制功能主要包括动作顺序控制、运动坐标控制、进给速度或主轴转速控制，以及各种辅助功能控制等。GB/T 8129—

2015 将"数控"定义为：用数值数据的控制装置，在运行过程中，不断地引入数值数据，从而对某一生产过程实现自动控制。

（2）数控系统　数控系统是指利用数控技术实现自动控制的系统，主要包括数控装置、伺服驱动系统及位置检测装置三部分。

（3）计算机数控（Computer Numerical Control，CNC）系统　计算机数控系统是指以通用计算机为核心的数控系统。由计算机控制程序实现部分或全部数控功能。实际应用中，现在的数控系统已不再刻意区分 NC 系统与 CNC 系统，统称为数控系统。

（4）数控机床　数控机床即数字控制机床，是指用数控技术对机床加工过程进行自动控制的机床。国际信息处理联盟（International Federation of Information Processing，IFIP）第五届技术委员会对"数控机床"定义为：一种装了程序控制系统的机床，机床的运动和动作按照程序控制系统发出的特定代码和符号编码组成的指令进行。GB/T 6477—2008 将"数控机床"定义为：按加工要求预先编制程序，由控制系统发出数字信息指令对工件进行加工的机床。

数控机床的基本原理是将加工过程所需的各种操作（如主轴变速、进刀与退刀、刀具选择、冷却液供给等）和步骤，以及刀具与工件之间的相对位移量都用数字化代码表示，并通过各种输入方式将数字化信息送入专用或通用计算机；计算机对输入的信息进行处理与运算，发出各种指令来控制机床的伺服系统或其他执行元件，使机床按图样要求的形状和尺寸自动加工出所需要的工件。数控机床是一种典型的机电一体化产品，可满足复杂、精密、小批量、多品种零件的柔性、自动化加工要求。

1.2.2　数控机床的基本组成

数控机床一般由程序控制介质、数控装置、伺服驱动系统、位置检测装置、辅助控制装置和机床本体组成。

1. 程序控制介质

程序控制介质又称为程序载体，是联系操作者与数控机床的中间媒介物质，存储着零件数控加工所需要的全部操作信息。数控机床的程序控制介质可以有多种形式。目前，常用的控制介质有 USB 闪存盘（简称 U 盘，USB 即 Universal Serial Bus，通用串行总线的简称）、硬盘（Hard Disk Drive，HDD）、网盘等。

2. 数控装置

数控装置是数控机床的核心，其作用是从储存设备中取出或接收输入装置送来的一段或几段数控加工程序，经译码、插补、逻辑运算处理后，输出控制信息和指令，以控制机床精确运动和有序动作。

3. 伺服驱动系统

伺服驱动系统一般由伺服控制单元和驱动电动机组成，接收数控装置发出的控制指令，为机床运动提供动力。按照机床上被驱动对象的不同，伺服驱动系统分为进给伺服驱动系统、主轴伺服驱动系统。

伺服控制单元把来自数控装置的微弱指令信号放大成可被驱动装置接收的大功率信号。根据接收指令信号形式的不同，伺服控制单元分为脉冲式和模拟式。模拟式伺服控制单元按供电种类又可分为直流伺服控制单元和交流伺服控制单元。

驱动电动机把经放大的指令信号转变为机械运动，并经联轴器、齿轮等连接部件驱动进给轴或主轴运动。数控机床常用的驱动电动机主要包括步进电动机、直流伺服电动机、交流伺服电动机等。

4. 位置检测装置

位置检测装置将数控机床各坐标轴的实际位置检测出来，并反馈到数控系统中。常用的位置检测装置按信号的读取方式可分为光电式和电磁式两类，按运动方式可分为直线型和回转型两类。

5. 辅助控制装置

辅助控制装置的主要作用是接收数控装置发出的开关量指令信号，进行翻译、逻辑判断和运算，再经功率放大后驱动相应的电气元器件，控制机床的机械、液压、气动等装置完成指令规定的开关量动作。这些辅助动作主要包括主轴的换向和起停、刀具的选择和交换、冷却和润滑装置的起停、工件和机床部件的松开和夹紧、旋转工作台的转位分度等。

6. 机床本体

数控机床的机械本体，主要包括床身、底座、立柱、横梁、滑座、工作台、主轴机构、进给机构、刀架及自动换刀装置等机械部件。

1.3　数控机床的特点与分类

1.3.1　数控机床的主要特点

1. 加工柔性好

数控机床按照被加工零件的数控程序进行自动加工，只需改变加工程序即可适应不同品种零件的加工需求，且几乎不需要制造专用的凸轮、靠模、样板、钻镗模等专用工装，加工柔性好，适应于多品种、中小批量的生产。

2. 生产效率高

数控机床主轴转速和进给量的范围比普通机床大，且良好的机床结构刚性允许进行大切削用量的强力切削，可提高加工效率。自动换速、自动换刀、快速的空行程运动和其他辅助操作自动化功能，加上更换被加工零件时几乎无须重新调整机床，可使辅助时间大大缩短。通常，数控机床比普通机床的生产率高 3~4 倍。

3. 加工精度高、加工质量稳定

数控机床的机床结构与传动系统都具有很高的刚度和热稳定性。数控机床进给传动链的反向间隙与丝杠螺距误差等均可由数控装置进行补偿，能经济地达到较高的加工精度。数控机床的自动加工方式可有效避免生产者的人为操作误差，同一批加工零件的尺寸一致性好、产品合格率高，零件加工质量十分稳定。

4. 能完成复杂型面的加工

数控机床具有多轴联动控制功能，可实现复杂型面加工运动轨迹的数控，如航空发动机叶片等。

5. 有利于生产管理的数字化、智能化

用数控机床加工零件，能准确地计算零件的加工工时，并有效地简化了检验流程和工装夹具、半成品的管理工作。将数控技术与计算机技术、传感与检测技术、网络通信技术、大数据技术、人工智能技术等深度融合，进而建立起制造企业生产过程的制造执行系统（MES）、智能制造系统。

1.3.2 数控机床的分类

从工艺用途、功能水平、伺服系统控制方式、运动方式等角度看，数控机床分类如下：

1. 按工艺用途划分

1）切削类数控机床。切削类数控机床指采用各种切削工艺的数控机床，如数控车床、数控铣床、数控镗床、数控钻床、数控磨床、数控插齿机、数控滚齿机等，或者具有自动换刀装置的加工中心。

2）成形类数控机床。成形类数控机床指采用挤、冲、压、拉等成形工艺的数控机床，如数控冲压机、数控弯管机、数控裁剪机、数控压力机、数控旋压机等。

3）特种加工类数控机床。特种加工类数控机床指采用电火花加工、激光加工、增材制造等非传统加工工艺的数控机床，如数控电火花加工设备、数控激光加工机、3D打印机、数控线切割机、数控火焰切割机等。

2. 按功能水平划分

依据所配置的数控系统和关键功能部件的指标水平，可将数控机床划分为经济型、普及型、高级型三种，见表1.1。

表1.1 数控机床功能水平分类

性能参数	经济型	普及型	高级型
分辨率	10μm	1μm	0.1μm
G00[1]速度	3~10m/min	10~24m/min	24~100m/min
驱动类型	开环及步进电动机	半闭环及交流或直流伺服电动机	全闭环及交流或直流伺服电动机、直线电动机
联动轴数	2~3轴	2~4轴	5轴及5轴以上
通信功能	无	RS232[2]或DNC[3]	RS232、DNC、LAN[4]或WAN[5]
显示功能	数码管或简单图形化显示	图形化显示	图形化显示
内置PLC[6]	无	有	有
主CPU	8位、16位CPU	16位、32位CPU	32位、64位CPU
系统结构	单个微处理器	单/多微处理器	分布式多微处理器

① G00表示快速定位，为数控系统的一种G指令，详见2.3.2节。
② RS232为数控系统中常用的一种串行通信标准接口。
③ DNC为分布式数控（Distributed Numerical Control）的简称。
④ LAN为局域网（Local Area Network）的简称。
⑤ WAN为广域网（Wide Area Network）的简称。
⑥ PLC为可编程逻辑控制器（Programmable Logic Controller）的简称。

3. 按伺服系统控制方式划分

（1）开环数控机床 开环数控是指机床伺服进给过程中无位置信息反馈的控制方式，

如图 1.1 所示。开环数控机床通常采用步进电动机作为驱动元件，具有控制简单、成本低等优点，但速度低，精度差。因此，该类数控机床可应用于精度和速度要求不高、驱动力矩不大的场合。

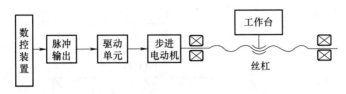

图 1.1　开环数控机床的系统框图

（2）半闭环数控机床　半闭环数控是指利用电动机或丝杠尾端的角度位移检测元件（如脉冲编码器），间接实时计算出工作台坐标位移，形成位置反馈控制的控制方式，如图 1.2 所示。半闭环数控系统精度高于开环控制系统，具有结构相对简单、调试方便等特点，在精度要求不是特别高的数控机床上得到了广泛应用。半闭环数控是目前绝大多数普及型数控机床采用的控制方式。图中，D/A 接口表示数/模转换接口，作用是将数字信号转变为模拟信号。

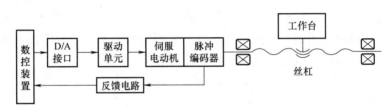

图 1.2　半闭环数控机床的系统框图

（3）全闭环数控机床　全闭环数控是指通过安装在床身和移动部件上的位置检测元件（如光栅尺），实时检测工作台准确的坐标位移，并直接反馈给数控装置，如图 1.3 所示。该类数控机床具有速度快、精度高的优点，但成本较高、控制复杂。全闭环数控系统主要用于精度要求很高的数控机床，如镗铣床、超精车床、超精磨床等。

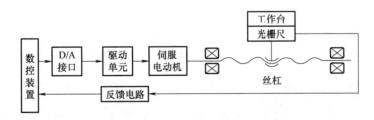

图 1.3　全闭环数控机床的系统框图

4. 按运动方式划分

（1）点位控制的数控机床　点位控制的数控机床能够控制移动部件从一点精确移动至另一点，不关注两点之间的轨迹类型和轨迹精度，且在移动过程中不进行加工操作。点位控制可单独控制各坐标轴依次完成坐标运动，也可控制多个坐标轴向目标点同时移动。在实际操作过程中，可采取先快速移动、后慢速趋近的控制方式，从而快速精准地完成点位控制。

一般情况下，数控钻床、数控镗床、数控冲床等具有点位控制功能。图1.4为具有点位控制功能的数控钻床加工示意图。

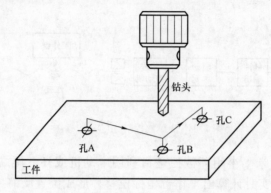

图1.4 具有点位控制功能的数控钻床加工示意图

（2）轮廓控制的数控机床 轮廓控制的数控机床（也称为连续控制数控机床）能够对两个或两个以上运动坐标的位移和速度同时进行控制，可实现刀具与工件间按直线或曲线轨迹的相对运动，从而加工出任意形状的复杂零件。在加工过程中，数控系统需要进行实时插补运算，控制各坐标的位移和速度，不但关注起点和终点本身的位置精度，也关注两点之间的轮廓类型和轮廓精度。例如，数控铣床、数控线切割机、加工中心等都具备轮廓控制功能。图1.5为具有轮廓控制功能的数控铣床加工示意图。

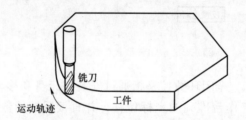

图1.5 具有轮廓控制功能的数控铣床加工示意图

1.4 数控技术的发展历程及趋势

1.4.1 数控技术的发展历程

自第一台数控机床诞生之日起，数控系统随着计算机技术的发展经历了典型的"七代"发展历程，见表1.2。

表1.2 数控系统发展历程

数控系统	首次生产年份
第一代电子管数控系统	1952年
第二代晶体管数控系统	1961年

（续）

数控系统	首次生产年份
第三代集成电路数控系统	1965 年
第四代小型计算机数控系统	1968 年
第五代微处理器数控系统	1974 年
第六代基于 PC 平台的数控系统	1990 年
第七代融入 AI 技术的智能数控系统	2019 年

1952 年，美国帕森斯公司与麻省理工学院合作研制出三坐标联动的实验性数控系统，这是以电子管技术为基础的第一代数控机床。1961 年，随着晶体管元器件的诞生，数控系统广泛采用晶体管和印制电路板技术，跨入第二代。1965 年，随着小规模集成电路的应用，数控系统可靠性得到进一步提升，发展到第三代产品。以上三代都是采用专用控制硬件的数控系统，可合称为数控技术的第一阶段。1968 年，小型计算机开始取代专用控制硬件，数控系统的许多功能由软件程序实现，称为第四代数控系统。1974 年，微处理器（或称为微型计算机）的出现促进了数控技术的进一步发展，微处理器数控系统可称为第五代数控系统。1990 年，以 PC 为控制系统硬件部分的数控机床开始出现，在 PC 上安装 NC 软件系统的数控系统成为目前数控机床主要的系统模式，称为第六代数控系统。2019 年，随着人工智能（AI）技术与数控技术的深度融合，数控系统中集成 AI 芯片、融合 AI 算法，即智能数控系统，称为第七代数控系统。

在近 70 年的发展历史中，集机械制造技术、计算机技术、现代控制技术、传感检测技术、信息处理技术、网络通信技术、液压气动技术、光机电技术于一体的数控技术得到了迅速发展和广泛应用，从而形成了巨大的生产力，促使制造业发生了根本性的变化，也形成了德国西门子（SINUMERIK）、日本发那科（FANUC）等数控系统国际知名品牌。

1958 年，我国第一台数控机床研制成功，至今，我国数控机床发展过程大致可分为四大阶段。1958—1979 年为第一阶段，由于我国基础理论研究滞后，相关工业基础薄弱，特别是电子技术落后，数控系统实际应用没有突破。1979—1989 年为第二阶段，在此阶段，我国从日本、美国、德国、意大利等国引进数控系统技术，进行生产合作。从 1989—2009 年为第三阶段，国家从科技攻关和技术改造两方面对数控机床产业进行了重点扶持，并加快了国产数控系统的开发。自 2009 年至今为第四阶段，我国启动实施了"高档数控机床与基础制造装备"国家科技重大专项，基本形成了国产高档数控系统的自主研发能力，研制出的全数字总线式高档数控系统产品达到国际先进水平。目前，华中数控、广州数控、蓝天数控、光洋数控等国产品牌数控系统在功能、性能、可靠性等方面得到了大幅提升，已占领了国内中低端数控系统市场，初步实现了高端数控系统对航空航天等国家重点领域的战略支撑。

1.4.2　数控技术的发展趋势

从世界范围内数控技术及装备的发展趋势来看，主要特点如下。

1. 高速化和高精度化

数控机床高速切削和高速进给是提高生产效率的有效途径。这不仅要求数控系统的处理速度快，同时还要求数控机床具有大功率和大转矩的高速主轴、高速进给电动机和高性能刀具。高速进给不仅要求数控系统的运算速度快、采样周期短，还要求其具有超前程序段预处理能力。例如，西门子840D系统的程序预处理能力可达1000段。

高精度主要包括高进给分辨率、高定位精度和重复定位精度。现代数控系统已广泛采用32位CPU。日本安川交流伺服电动机安装了每转可产生1600万个脉冲的编码器，对于导程20mm的滚珠丝杠驱动直线轴，其位置分辨率可达1.2nm。FANUC 31i系列数控系统推出了AI纳米轮廓控制、AI纳米高精度控制、纳米平滑加工等先进功能，能够提供以纳米（nm）为单位的插补指令。为实现半导体芯片的纳米光刻，清华大学自主研发的光刻机磁浮微动平台的重复定位精度≤5nm。

2. 复合化

复合化包含工序复合化和功能复合化。数控机床的发展已在一定程度上模糊了粗、精加工工序的概念。加工中心的出现，又把车、铣、镗等工序集中到一台机床来完成，打破了传统的工序界限和分开加工的工艺规程，可最大限度地提高设备利用率。为进一步提高机床工效，可以将车削和铣削功能集成至一台数控加工设备，相当于一台数控机床和一台加工中心的复合，即车铣复合加工。以车铣复合为代表的复合加工机床可以在零件一次装卡自动完成同一类工艺方法的多工序加工或不同类工艺方法的多工序加工，从而大大缩短产品制造工艺链。

3. 网络化

随着计算机及人工智能技术的发展，数控系统的网络化程度不断提高。网络化能够为制造商提供完整的生产数据信息。通过网络，可将工件的加工程序传送至异地的数控机床，并进行远程控制加工。这种模式下，不同地区分散的数控机床通过网络联系在一起，相互协调，统一优化调度，使产品加工不局限在某个工厂内，而成为社会化的产品。以沈阳机床集团的i5数控系统为例，用户可通过移动电话或计算机远程对装有i5系统的数控机床下达各项指令，使机床使用效率提升了20%，实现了"指尖上的工厂"。

4. 开放式

高端数控机床的控制系统是一种开放式、模块化的体系结构，且各模块间具有标准化接口，系统的软件、硬件构造应是"透明""可移植"的，应具有"连续升级"能力。为满足先进机械加工的多样化需求，数控机床机械结构更趋向于"积木式"。机床结构按模块化、系列化原则进行设计与制造，以缩短供货周期，最大限度地满足用户的工艺需求。数控机床机械部件的品种规格逐渐增加，质量指标不断提高，机电一体化内容更加丰富，各种功能部件已实现商品化。

5. 智能化

智能化数控系统是指具有人工智能特征的数控系统。智能数控系统可以通过对影响加工精度和效率的物理量进行检测、建模、提取特征，从而自动感知加工系统的内部状态及外部环境，快速地做出实现最佳目标的智能决策，对进给速度、切削深度、坐标位移、主轴转速等工艺参数进行实时控制，使机床的加工过程处于最佳状态。

1）在数控系统中引入自适应控制技术。数控机床中，工件毛坯余量不匀、材料硬度不一致、刀具磨损、工件变形、润滑或冷却液等因素的变化将直接或间接影响加工效果，通过在加工过程中不断检查某些能代表加工状态的参数，如切削力、切削温度等，进行评价函数计算和优化处理，对主轴转速、刀具（或工作台）进给速度等加工参数进行校正，使数控机床能够始终在最佳加工状态下工作。

2）可设置故障自诊断功能。高档数控机床在工作过程中出现故障时，控制系统能自动诊断，并立即采取措施排除故障，以适应长时间在无人环境下正常运行的要求。可应用图像识别和声控技术，使机床自己辨别图样，并根据人的语言声音对数控机床进行自动控制。

思考与练习题

1. 什么是数控技术？
2. 数控机床主要由哪些部分组成？
3. 简述数控机床的基本原理。
4. 数控机床具有哪些特点？
5. 简述高档型数控机床的主要特征。
6. 什么是点位控制数控机床和轮廓控制数控机床？
7. 按照伺服系统控制方式，数控机床分为哪几种类型？各有什么特点？
8. 简述我国数控技术的发展历程。
9. 数控技术的主要发展趋势包括哪些方面？
10. 请查阅相关资料，简单阐述数控技术在现代工业体系中的重要地位和作用，以及我国大力发展数控技术的必要性。

第2章　数控编程基础

2.1　概述

所谓数控编程，就是将零件的工艺过程、工艺参数、刀具位移量与方向以及其他辅助功能（换刀、冷却、夹紧等），按运动顺序和所用数控机床规定的指令代码及程序格式编成加工程序，再将程序中的全部内容记录在控制介质中，然后输入给数控系统，以控制数控机床加工。

用于数控编程的指令代码称为编程语言，其大部分指令已经形成国际标准（即 ISO 标准，ISO 为 International Organization for Standardization，国际标准化组织的简称）。不同的数控系统厂商不仅发展了其特色数控指令代码集，也可能对标准数控指令代码进行了功能延伸和重新定义。为此，在数控编程时需参考相应数控系统的编程说明书。

2.1.1　数控编程的基本流程

数控编程的主要内容包括：分析零件图样、确定工艺方案、数学处理、编写程序清单、程序校对检查、首件试切，基本流程如图 2.1 所示。

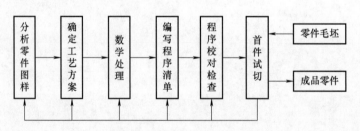

图 2.1　数控编程的基本流程图

1. 分析零件图样和确定工艺方案

按照设计图样对零件材料、毛坯形状、几何尺寸、精度等技术要求进行分析。确定工艺方案的主要工作包括：确定工件加工工序和工步，选择定位基准，选用夹具和刀具，确定对刀方式，制订加工进给路线，计算加工余量和切削参数等。同时，还应发挥数控系统功能和数控机床本身的能力，正确选择对刀点、切入方式，尽量减少换刀、转位等辅助时间。根据数控加工工序集中的特点，尽可能在一次装夹中完成所有工序。

2. 数学处理

根据零件几何特征建立工件坐标系，并按照零件设计图以及加工工艺路线和切削用量，计算出刀具在工件坐标系中的运动轨迹，主要包括工件轮廓基点和节点坐标的计算。例如，对于由直线和圆弧组成的平面轮廓，除了计算出轮廓的起点、终点、圆弧的圆心坐标外，还要计算出两直线的交点、直线与圆弧的交点或切点、圆弧与圆弧之间的交点或切点等。而对于复杂平面曲线，将其按等间距或等弧长方式分割，插入微小直线或圆弧进行轮廓逼近，需计算微小直线或圆弧段与曲线的交点或切点。由此，复杂曲线的节点计算量很大，常借助计算机完成。

3. 编写程序清单

根据已确定的加工路线和工艺参数，利用数控系统规定的指令代码及程序段格式，逐段编写零件程序。此外，还应填写有关的工艺文件，如数控加工工序卡片、数控刀具明细表、工件安装和零点设定卡片、数控加工程序单等。

4. 程序校对检查

对于编制的数控加工程序，不仅要进行语法规则检查，还要对其实现的机床运动准确性进行检查。机床运动准确性检查手段主要有：利用数控系统自带的轨迹仿真功能对数控程序进行运动轨迹检查，利用数控加工仿真软件进行虚拟加工，利用机床空转运行进行检查，以石蜡等制作样件毛坯进行模拟加工检查。需要注意的是，这些方式只能检查程序运动轨迹是否正确，不能检查被加工零件的加工精度是否满足加工要求，也无法检查因编程计算不准确或刀具调整不当造成的加工误差。

5. 首件试切

编制的数控程序究竟能否控制机床加工出合格零件，往往需进行首件试切，即一次真实的零件加工。首件试切时，应该以单程序段（数控系统的工作方式之一，每按一次"启动"按钮，只执行一段加工程序）的运行方式进行加工，随时监测加工状况，调整切削参数和状态。当发现有加工误差时，应分析误差产生的原因，找出问题所在，并对程序加以修正。若加工出的零件满足精度要求，则所编制的数控程序可以投入到实际加工中。

2.1.2　数控编程的主要方法

数控编程的主要方法包括三种：手工编程、基于 APT 的自动编程和图形交互式自动编程。

1. 手工编程

手工编程，即由人工完成零件的图样分析、工艺处理、数值计算、程序编写、程序输入和检验。在实际零件的数控加工中，大部分形状简单的零件，其数值计算比较容易、程序段比较短、程序检验比较容易，常采用手工编程方式。手工编程方式比较适合简单轮廓零件的编程。

2. 基于 APT 的自动编程

APT（Automatically Programmed Tools）语言是由麻省理工学院（MIT）于 1955 年推出的一种数控程序辅助编程语言。以其为基础，国际标准化组织（ISO）于 1985 年公布了《机床数字控制　数控（NC）处理程序输入　基本零件源程序参考语言》（ISO 4342—1985）。在使用 APT 语言进行编程过程中，编程人员根据零件图样和工艺要求，使用规定的语言，编写出一个描述零件加工要求的"零件源程序"，并将其输入到计算机（或编程机）中完成加工程序编译。由于自动编程能够自动完成烦琐的数值计算，因此比较适合较复杂的零件。随着图形交互式自动编程技术的发展，基于 APT 的自动编程方式已很少被实际采用。

3. 图形交互式自动编程

图形交互式自动编程是建立在计算机辅助设计（Computer Aided Design，CAD）和计算机辅助制造（Computer Aided Manufacturing，CAM）基础上，利用菜单，采取图形交互方式进行编程的一种自动编程方法。这种编程方法采用用户界面，以人机交互的方式，完成图形元素的输入、加工路线的制订和工艺参数的设定等工作，具有交互性好、直观性强、运行速度快、使用方便、便于检查和修改等优点。因此，复杂轮廓零件普遍采用图形交互式自动编程方式。一般商用 CAD/CAM 软件均具有图形交互式自动编程功能，如 Mastercam、Cimatron、UG、CAXA 等。

2.2 坐标系

坐标系是数控编程和程序运行的坐标框架，是实现数控坐标控制的基础，主要包括机床坐标系和工件坐标系。数控机床各坐标轴的运动控制需要在以机床零点为原点的一个整体坐标系中考虑，这个坐标系称为机床坐标系。针对某个零件编写数控加工程序时，由于零件形状和尺寸不同，为了编程和操作方便，往往选取零件上的一点作为原点建立一个局部坐标系，即工件坐标系。

在数控编程时，为了描述机床的运动、简化程序编制方法及保证记录数据的互换性，相关国际标准和我国的国家标准对数控机床的坐标系和运动方向均制定了标准化规定。多数数控机床的坐标系采用了笛卡儿直角坐标系，其坐标轴的名称和正负方向符合右手定则，如图 2.2 所示。X、Y、Z 为直线坐标轴；A、B、C 分别为绕 X、Y、Z 轴的旋转坐标轴；U、V、W 为附加坐标轴，分别平行于 X、Y、Z 坐标轴且方向相同。按照刀具相对于工件运动的原则定义各坐标轴。

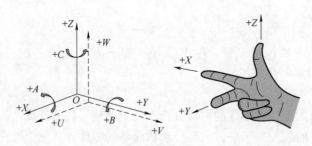

图 2.2 笛卡儿直角坐标系

一般情况下，规定与机床主轴轴线平行的坐标轴为 Z 轴，刀具远离工件的方向为+Z 方向。若一台数控机床有多个主轴，则选择垂直于工件装夹面的主轴为 Z 轴；若主轴能够摆动，则选择垂直于工件装夹平面的方向为 Z 轴方向；若机床无主轴，则选择垂直于工件装夹平面的方向为 Z 轴方向。

X 轴与 Z 轴垂直，位于水平面内，一般与工件的装夹平面平行，且与主要切削进给方向平行。在刀具旋转的机床（如铣床、镗床等）上，如果 Z 轴是水平的（如卧铣），沿主轴向工件看时，向右方向为+X 方向；如果 Z 轴是竖直的（如立铣），面对立柱向主轴方向看，向右为+X 方向；而对于数控车床、磨床等，沿工件径向的方向为 X 轴，刀具远离工件的方向为+X 方向。当 Z 轴、X 轴确定后，可利用右手定则确定 Y 轴。

对于旋转轴，绕 X 轴回转的坐标轴为 A 轴，绕 Y 轴回转的坐标轴为 B 轴，绕 Z 轴回转的坐标轴为 C 轴。回转轴方向的确定采用右手定则，大拇指所指方向分别为+X、+Y、+Z 方向。

对于辅助直线轴，平行于 X 轴的坐标轴为 U 轴，平行于 Y 轴的坐标轴为 V 轴，平行于 Z 轴的坐标轴为 W 轴。方向分别与 X、Y、Z 轴方向一致。

典型数控加工中心的坐标轴定义实例如图 2.3 所示。

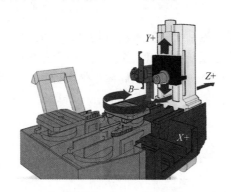

图 2.3　典型数控加工中心的坐标轴定义实例

1. 机床坐标系

机床坐标系是机床上的固有坐标系，具有固定的坐标原点和坐标轴，并在数控机床出厂时已经确定。数控装置内部的位置计算均依据该坐标系进行。机床的基准点、换刀点、托板交换点、机床限位开关或挡块位置等都相对固定，这些点都依据机床坐标系确定。机床坐标系是数控机床上最基本的坐标系，是在机床回零点操作完成后建立的，不受数控加工程序中设置新坐标系功能指令（如 G53 等）的影响。数控机床使用过程中，操作者一般不关注零件在机床坐标系中的具体位置。

2. 工件坐标系

零件被装夹至在工作台后，其到底在机床坐标系中处于什么位置，操作人员一般无法直观知道（也不必知道），若以机床坐标系编写零件加工程序，会无从下手。为此，需要建立一个便于零件编程的坐标系，即工件坐标系。工件坐标系是程序编制人员在编程时使用的、以工件上的某一个点为坐标原点而建立的坐标系。工件坐标系原点的选择要尽量满足编程简单、尺寸换算少、加工精度易于保证等条件。

工件坐标系原点选用的一般原则如下。

1）尽量选择在零件设计基准或工艺基准上。例如，对于零件车削加工，轴向尺寸一般以端面为基准，若选择端面的中心点为工件坐标系原点，可省去编程时的尺寸和公差换算，从而减少计算工作量，更易于保证加工精度。

2）对于有对称几何特征的零件，工件坐标系原点一般选择在对称中心上。这有利于利用数控系统提供的简便编程的指令，如旋转编程指令、对称编程指令等，减少编程工作量。

3）应选择便于进行对刀操作、工件装夹和检验的位置。例如，对于铣削加工，Z方向的数控编程原点应选在零件上表面。

工件坐标系可被视为机床坐标系中的一个（或几个）"局部"坐标系。在数控加工时，需获得工件坐标系原点在机床坐标系中的位置，以保证刀具按照编程轨迹正确地执行切削加工。实际应用中，常采用对刀或坐标系偏置的方式建立起两个坐标系间的联系。

对刀主要利用碰刀、试切、采用对刀仪等手段，获得对刀点（或对刀基准）与刀位点重合时工件坐标系（即编程坐标系）原点的机床坐标，也就是刀偏量。将刀偏量人工输入至数控系统中，即完成对刀。碰刀和试切手段一般适用于对刀精度要求不高的场合。相比较而言，采用对刀仪对刀，由数控系统自动、精确地完成对刀，大幅提高了对刀精度，有利于保证加工精度。

坐标系偏置方式是利用数控系统的零点偏置指令，一般为 G54~G59 指令，设置工件坐标系零点偏移值，预先在数控系统内快速设定一个（或多个）工件坐标系。进一步，通过数控编程方式调用零点偏置指令，即可建立局部工件坐标系，数控系统内部自动完成机床坐标系与该工件坐标系的零点偏置计算，便于不同分区特征加工的数控编程。

2.3 数控加工程序的基本构成

2.3.1 程序结构与格式

为完成零件加工，数控机床须执行一个完整的数控程序，其由程序名、程序体及程序结束码构成。程序名位于程序顶部，为程序在存储介质中的命名标识，也是一个完整数控加工程序在内存中的首地址标识符。不同的数控系统对程序头一般有不同的命名要求，FANUC 数控系统以英文字母 O 作为程序名的起始字母，而西门子数控系统以%作为程序名的首字母。程序体由若干程序段组成，表示完成一个零件数控加工所需的一组有序控制指令集。程序结束码一般采用指令形式，表示程序执行完毕。对于不同的数控系统，数控程序结构略有差异，但是整体结构基本一样。例如，FANUC 系统单孔钻削的典型数控加工程序结构如图 2.4a 所示。

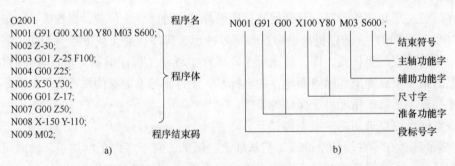

图 2.4 典型数控加工程序结构及程序段

数控程序的程序段由段标号字、若干功能字及结束符号组成，表示该段程序段需要对机床数控系统进行的控制操作，如图 2.4b 所示。

1. 段标号字

段标号字（N 字）也称为程序段号，是用以识别和区分程序段的标号。用地址码 N 及随后的若干位数字表示，例如，N0097 表示该段程序段的段标号为 0097。可以对所有的程序段进行标号，也可以对指定的某些段进行标号。对程序段进行标号，一方面是为了便于进行程序查找，另一方面作为程序跳转指令的寻址标识。程序段的标号与程序执行顺序无关，程序按照程序段的排列顺序有序执行。

2. 功能字

功能字（Program Word）表示对数控系统进行操作的指令。功能字的格式为"字母+数字"，其中"字母"称为代码，表示具体的数控功能，如 G 代码、M 代码；"数字"表示指令码或指令值。按照功能字的控制功能特征，可将其分为准备功能字、尺寸字（或坐标功能字）、进给功能字、主轴转速功能字、刀具功能字、辅助功能字等。

3. 结束符号

不同的数控系统程序段的结束符号不一样。一般采用"；"作为程序段的结束符号。一个程序段必须具有结束符号，否则该程序段会出现语法错误，导致无法正常编译。

2.3.2　常用的基本数控指令

数控指令是数控程序的核心组成元素，是数控功能的表现形式。零件的数控加工需依靠程序中的各种指令有序完成。常用的数控指令包括准备功能 G 指令、辅助功能 M 指令、进给功能 F 指令、主轴转速功能 S 指令、刀具功能 T 指令等。

数控指令按其作用范围可分为模态指令和非模态指令。模态指令又称为续效指令，其效力自所出现的程序段开始至后续程序段一直有效，直至程序结束或被同一功能组的其他指令所取代。非模态指令又称为非续效指令，仅在所在程序段有效。

1. 准备功能 G 指令

G 指令表示预备命令，用于控制数控系统至特定状态或操作模式，具体包括编程方式选择、平面选择、快速定位插补运动、刀具补偿等。准备功能 G 指令由字母"G"和后缀两位或三位数字组成，如 G00~G150。

（1）编程方式选择指令（G90、G91）　在对零件进行加工轨迹编程时，需首先确定编程方式。数控系统可选的编程方式包括绝对坐标编程、增量坐标编程，其所对应的编程方式选择指令分别为 G90 和 G91。G90 指令又称为绝对坐标指令，在该指令模式下，加工轨迹的编程坐标点以坐标系原点为基准进行计算。G91 指令又称为增量坐标指令，在该指令模式下，加工轨迹的编程坐标点以前一坐标点为基准进行计算，即尺寸字的坐标值为刀具从前一坐标点移动至当前坐标点的相对位移。实际编程时需注意，G90 指令为数控系统默认指令，而 G91 指令需明确选择。

（2）平面选择指令（G17~G19）　在进行平面轨迹数控编程时，需选定工作平面。在刀具补偿、工件坐标系旋转及许多规定循环中，数控系统都要求在一个确定的平面内操作。平面选择可以由程序段中的尺寸字确定，也可由平面选择指令 G17~G19 确定。程序段中出现两个相互垂直轴的尺寸字，就可以决定工作平面，但不能出现三个数控轴的尺寸字。当采用 G17~G19 指令时，其随后的尺寸字需正确对应，否则数控系统会报错。当程序执行 M02 或

M30 指令后，或者系统复位、重新上电后，数控系统默认选择 XY 平面（即 G17 指令对应的工作平面）。

（3）快速定位指令（G00） G00 指令的功能是数控系统控制刀具在工件坐标系中以快速移动速度移动至终点坐标。G00 指令的速度由机床参数"快移进给速度"对各数控轴分别设定，并可用进给倍率开关进行速度调整。在执行 G00 指令时，数控轴以各自的快移进给速度移动，而不能保证各数控轴同时到达终点，因此多直线轴运动合成轨迹不一定是从起点至终点的直线。实际编程时，G00 指令只能用于控制刀具从一点至另一点的快速移动，如刀具空行程移动，不能用于加工运动编程。

（4）直线插补指令（G01） G01 指令的功能是控制刀具按程序中设定的进给速度，以两点间的最短距离从起点坐标直线运动至终点坐标。程序段中，首次出现 G01 指令时，需设定 F 指令速度，否则将编译出错。G01 指令是数控系统中重要的常用指令之一。G01 指令不仅用于直线轨迹的编程，也常被用于复杂轮廓的小直线段逼近轨迹的编程。

（5）圆弧插补指令（G02、G03） 圆弧插补指令的功能是在指定的工作平面内控制刀具从起点坐标按照圆弧轨迹运动至终点坐标。该指令包括 G02 和 G03，其中 G02 指令功能是控制刀具相对工件按照顺时针方向加工圆弧，也称为顺时针圆弧插补指令；G03 指令功能是控制刀具相对工件按照逆时针方向加工圆弧，也称为逆时针圆弧插补指令。G02 和 G03 指令可用于一段圆弧或完整圆的数控编程。以 XY 工作平面内的圆弧插补为例，有两种编程格式，具体如下：

$$G17 \begin{Bmatrix} G02 \\ G03 \end{Bmatrix} \quad X\_\_ \quad Y\_\_ \quad I\_\_ \quad J\_\_ \quad F\_\_;$$

或

$$G17 \begin{Bmatrix} G02 \\ G03 \end{Bmatrix} \quad X\_\_ \quad Y\_\_ \quad R\_\_ \quad F\_\_;$$

其中，X、Y 表示圆弧的终点坐标，可以为绝对或增量坐标；I、J 分别表示圆弧中心相对于圆弧起点的 X 轴和 Y 轴增量坐标。而在 XZ 或 YZ 工作平面内编程时，与 Z 轴相对应的增量坐标用 K 表示。对于另一种编程格式，R 表示插补圆弧半径。若插补圆弧段对应圆心角 ≤180°（即劣弧），R 值为正值，否则为负值。首次出现 G02 或 G03 指令时，需设定 F 指令速度，否则将编译出错。

（6）暂停指令（G04） G04 指令的功能是在不停止主轴转动的情况下，使刀具做指定时间的停留。常用的编程格式为"G04 P__;"，其中 P 为暂停时间，单位为 ms。在执行含 G04 指令的程序段时，先执行暂停功能。G04 指令在前一程序段的进给速度降到零之后才开始暂停动作。在加工零件时，利用该指令，可以获得圆整而光滑的表面。例如，加工盲孔时，刀具进给到规定深度后，暂停指令使刀具做非进给光整切削，然后退刀，就可以保证孔底平整。

（7）刀具半径补偿指令（G40~G42） 刀具半径补偿指令的功能是数控系统根据零件轮廓信息和刀具半径，自动完成刀具半径补偿，实时计算出补偿后刀具控制点的运动轨迹。该指令包括 G40~G42，其中 G40 指令的功能是在包含 G41 或 G42 指令的程序完成后取消刀具半径补偿，使刀具中心与编程轨迹重合；G41 指令的功能是刀具沿进给方向位于待加工轮廓左侧时进行刀具半径补偿，G41 指令也称为左刀补指令；G42 指令的功能是刀具沿进给方向位于待加工轮廓右侧时进行刀具半径补偿，G42 指令也称为右刀补指令。具体的补偿量值用刀具半径"D __"表示。需注意，刀具半径补偿功能只能在 G00 或 G01 指令方式下启用，不能在 G02、G03 或其他曲线插补指令方式下进行。刀具半径补偿指令是一种模态指令，一旦启用则一直有效，直到取消该指令功能。

（8）刀具长度补偿指令（G43、G44、G49）　刀具长度补偿指令的功能是数控系统根据安装刀具的刀尖相对于刀尖基准的偏置距离，自动补偿获得刀尖的实际位置，以修正不同刀具长度不一或同一刀具重磨变短等引起的刀尖位置偏差。该指令包括 G43、G44、G49，其中 G43 指令表示正向偏置，G44 指令表示负向偏置，均为模态指令；G49 指令表示取消补偿。编程格式为"G43（或 G44）H __ Z __;"。H 字是内存地址，在该地址中装有刀具的偏置量。G43 指令功能是刀具在做 Z 向移动时，使刀具的移动距离等于"Z 值+H 地址中的值"；G44 指令功能则是使刀具的移动距离等于"Z 值−H 地址中的值"。需注意，刀具长度补偿指令只能在 G00 和 G01 指令方式下有效。

2. 辅助功能 M 指令

M 指令是用来指定辅助功能的代码，主要用于数控机床开关量的控制，如程序结束、主轴正转与反转、冷却液开停等。不同数控系统的 M 指令代码具有较大差别，因此编程人员需熟悉具体数控机床的 M 代码。ISO 标准中，M 指令代码范围为 M00~M99，共计 100 种。常用的主要 M 指令见表 2.1。

表 2.1　常用的主要 M 指令

指令	名称	功　能
M00	程序无条件暂停	程序执行到此，主轴停转、进给停止、冷却液关闭
M01	程序选择暂停	只在选择停方式下生效，其执行后的效果与 M00 相同；否则该指令不执行
M02	主程序结束	执行该指令使主轴停转、进给停止、冷却液关闭。执行后，程序光标停在程序末尾
M03	主轴正转	主轴沿顺时针方向（从 Z 轴正向向 Z 轴负向看）旋转
M04	主轴反转	主轴沿逆时针方向（从 Z 轴正向向 Z 轴负向看）旋转
M05	主轴停	
M08	冷却液开启	
M09	冷却液关闭	
M30	主程序结束指令	功能同 M02。不同之处是程序停止后，程序光标返回程序头位置
M98	子程序调用	调用独立的子程序。调用格式为"M98 P __ L __;"，其中 P 为被调用子程序的标识符，P 之后的 5 位自然数是被调用子程序编号，即子程序名%或 O 后的数字；L 为循环调用次数，默认为 1
M99	程序返回	该指令在子程序或主程序中均可作为程序返回指令，但是作用有所不同。M99 指令若在主程序中，会使主程序返回到程序头位置并继续执行程序。若 M99 指令在子程序中，将结束子程序，并返回主程序的断点处或子程序的调用位置

根据零件加工的工艺要求（如阵列钻孔），当一组加工程序被多次重复使用时，通常将该组程序编制成子程序。子程序也是一个完整的加工过程程序，其格式和所用的指令与主程序的完全相同。需要注意的是，M02 和 M30 指令不适用于子程序，因为这两个 M 指令直接

影响主程序的执行。结合 M98 和 M99 指令的程序调用功能，可以在主程序中适当设置断点并利用 M98 指令调用子程序，亦可以在当前子程序中继续设置另一子程序的调用断点，形成多层子程序嵌套结构，最多可以形成四重嵌套结构，如图 2.5 所示。

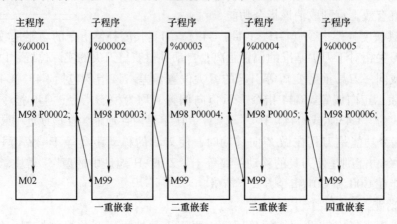

图 2.5 子程序嵌套

3. 其他功能指令

其他的功能指令主要包括进给速度（F）指令、主轴转速（S）指令、刀具功能（T）指令等。常用的其他功能指令见表 2.2。

表 2.2 常用的其他功能指令

指令代码	名 称	功 能
D	刀具半径补偿指令	设定刀具的半径补偿值。同时，程序选择 G41 或 G42 指令以使得刀具半径补偿有效
F	进给速度指令	设定刀具相对于工件的合成进给速度。F 的单位取决于 G94 指令（mm/min，每分钟进给量）或 G95 指令（mm/r，每转进给量）
H	刀具长度补偿指令	设定刀具的长度补偿值。同时，程序必须选择 G43 或 G44 指令以使刀具长度补偿有效
L	循环次数指令	设定子程序循环调用次数。一般而言，该指令代码赋值 0~32767 间的无符号数
S	主轴转速指令	设定主轴转速，单位为转/分钟（r/min）。同时，程序选择 M03 或 M04 主轴转动功能生效。S 主轴转速可以用主轴倍率开关调整
T	刀具功能指令	选定刀具，即所选刀具在刀盘上的位置号

2.3.3 用户宏程序

数控系统还为用户配备了强有力、类似于高级语言的宏程序功能。用户可以使用变量进行算术运算、逻辑运算和函数的混合运算。宏程序还提供了循环语句、分支语句和子程序调用语句。宏程序主要由 3 部分组成：①宏程序名，字母 O 后接 5 位自然数；②宏程序体；③宏程序结束指令 M99。宏程序通常用在加工路线基本相同，但坐标数值不相同的一组零件中。采用变量或变量表达式进行编程，在调用语句中给变量赋值，这样就可以用一个程序加工一组零件。为充分发挥宏程序在数控编程中的作用，需重点关注宏程序中的变量及其运算。

1. 宏程序中的变量

宏程序中的变量有 3 类：局部变量、公用变量和系统变量。

（1）局部变量　#1~#33 是用户在宏程序中局部使用的变量，共 33 个，见表 2.3。在有些数控系统中，这些变量可以在一个宏程序中使用，也可以在另外几个宏程序中重复使用。对于多层嵌套的程序，同一个变量最多可以重复使用 5 次，因此一个宏程序最多具有 4 层嵌套。重复使用的变量在各自的程序中不受影响，但是在同一程序中不能重复使用。每一个局部变量都对应一个字母地址，以便在调用语句中赋值。

表 2.3　局部变量表

变量	地址		变量	地址		变量	地址	
#1	A		#12		K	#23	W	J
#2	B		#13	M	I	#24	X	K
#3	C		#14		J	#25	Y	I
#4	I		#15		K	#26	Z	J
#5	J		#16		I	#27		K
#6	K		#17	Q	J	#28		I
#7	D	I	#18	R	K	#29		J
#8	E	J	#19	S	I	#30		K
#9	F	K	#20	T	J	#31		I
#10		I	#21	U	K	#32		J
#11	H	J	#22	V	I	#33		K

如表 2.3 所示，I、J、K 共 10 组，有些地址与 I、J、K 共用一个变量。在同一调用语句中可同时对 I、J、K 地址进行多次赋值，被赋值的变量与 I、J、K 在列表中的排列顺序有关，排在前面的地址从变量号较小的开始赋值。局部变量在系统上电、复位、急停及执行 M02、M30 指令后置零。除 I、J、K 外，其他地址在同一个程序段中被赋值多次时，最后赋值有效。

（2）公用变量　#100~#199、#500~#699 两个区域中的变量为公用变量。公用变量直接采用#i 进行赋值或调用，也可通过操作面板进行赋值。它们能够在任何主程序或子程序中被调用。#100~#199 变量是非保留变量，断电后被清除；#500~#699 区域的变量为保持型变量，断电后仍被保存。

（3）系统变量　系统变量是系统中具有固定用途的变量，可以被任何程序使用。有些属于只读变量，有些可以赋值或修改。系统变量及用途见表 2.4。

表 2.4 系统变量及用途表

变量号码	用 途	变量号码	用 途	
#1000~#1035	输入接口信号	#5091~#5094	探针循环位置	
#1100~#1135	输出接口信号	#5095~#5096	探针头长度半径	
#2000~#2999	刀具半径补偿量	#5101~#5109	当前跟随误差	
#3000，#3006	报警，信息	#5201~#5209	外部偏置	
#3001，#3002	定时，时钟	#5221~#5229	G54	
#3003，#3004	单步，连续控制	#5241~#5249	G55	
#3007	镜像加工	#5261~#5269	G56	
#4001~#4120	模态信息	#5281~#5289	G57	
#5001~#5009	程序段各轴终点坐标（工件坐标系）	#5301~#5309	G58	工件坐标系原点在机床坐标系中的坐标值
#5021~#5029	工件坐标系当前位置坐标	#5321~#5329	G59	
#5041~#5049	机床坐标系当前位置坐标	#5341~#5349	G59.1	
#5061~#5069	跳转信号时的位置（工件坐标系）	#5361~#5369	G59.2	
#5071~#5079	跳转信号时的位置（机床坐标系）	#5381~#5389	G59.3	
#5081~#5089	有效的刀具长度偏置			

2. 变量运算

宏程序中，可以对变量进行数值运算和逻辑运算。数值运算包括加、减、乘、除等算术运算，SIN（正弦）、COS（余弦）、TAN（正切），ATAN（反正切）、ASIN（反正弦）、ACOS（反余弦）、SQRT（平方根）、LN（自然对数）、EXP（指数）等函数运算，以及BIN（二进制转十进制）、BCD（十进制转二进制）、ROUND（四舍五入取整）、FIX（舍去小数取整）、FUP（小数进位取整）、MOD（取模）、ABS（取绝对值）等数据处理。

运算式可以是简单的算术运算式、函数运算式，也可以是算术-函数混合运算式。典型的数值运算格式为"#i=<运算式>"。例如，#101=#2+#8*COS[#1]。

逻辑运算包括：AND（与）、OR（或）、XOR（异或）、EQ（等于）、NE（不等于）、GT（大于）、LT（小于）、GE（大于或等于）、LE（小于或等于）。与、或、异或用于二进制运算，大小比较的逻辑运算用于条件语句或循环语句。

3. 转移和循环命令

宏程序中的转移命令包括无条件转移和条件转移。无条件转移命令格式为"GOTO n"，其中，n为转移到程序段的顺序号。例如，"GOTO 10;"表示程序转移到第N10程序段。条件转移的格式为"IF（转移条件）GOTO n;"，其中转移条件可以是EQ、NE、GT、LT、GE、LE。例如，"IF #i EQ #j GOTO 991;"表示如果#i等于#j，则转移到第N991程序段。

宏程序中的循环命令包括无条件循环和条件循环。无条件循环语句格式为"DO m;… END m;"，其中，m为循环标识号，是自然数。如果循环体内无转移语句或程序段跳转符号（/），将产生死循环。因此，常在循环体内增加条件转移指令。条件循环语句格式为"WHILE（循环条件）DO m;… END m;"。

4. 调用命令

宏程序的调用命令包括非模态调用和模态调用。

非模态调用指令格式为 "G65 P＿L＿A＿B＿…;", 其中, G65 为非模态调用命令; P 为被调用的宏程序号, 是 5 位自然数; L 为宏程序执行次数, 默认为 1; "A＿B＿…" 为局部变量地址, 可以用局部变量的任意地址。非模态调用的宏程序只能在被调用后执行 L 次。

模态调用指令格式为 "G66 P＿L＿A＿B＿…;", 其中, G66 为模态调用命令; P、L 的含义与 G65 中的相同; "A＿B＿…" 为局部变量地址, 不能用字母 G、L、N、O、P 局部变量地址。

G67 是取消宏调用命令。如果 G66 所在的程序段中含有坐标移动字, 则执行完坐标移动后调用宏程序。模态调用可以多次调用, 每次调用执行 L 次, 不仅可以在 G66 所在程序段中调用, 也可在后面接续的程序段中调用, 每执行一次语句调用一次, 直到遇到 G67 指令为止。执行次数 L 及局部变量可以采用表达式赋值。

2.4　图形交互式自动编程简介

图形交互式自动编程已成为现代制造企业处理复杂零件加工不可替代的编程方式, 主要包含如下三个基本环节。

（1）零件几何造型　采用 CAD/CAM 提供的零件几何造型模块完成零件几何造型, 或者利用 CAD 软件完成零件几何造型后, 转换为通用的零件文件格式。

（2）刀具轨迹生成　依据零件几何造型, 选择加工类型, 确定加工方式, 设置加工过程中的刀具类型、刀具偏移量或刀具半径等信息, 设置加工过程中要采用的工艺参数, 根据零件及所定义的毛坯几何特征, 计算获得刀具运动轨迹数据。

（3）后置处理　基于生成的刀具轨迹数据文件, 针对特定的数控系统, 将刀具轨迹路径编译为零件数控加工所需的数控加工程序代码, 通过通信接口把程序传输给机床数控系统。

为便于读者理解图形交互式自动编程方式, 以基于 Mastercam 软件平台的某模具数控铣削加工自动编程为例进行介绍。图形化自动编程的基本流程如图 2.6 所示, 模具曲面零件的尺寸如图 2.7 所示。

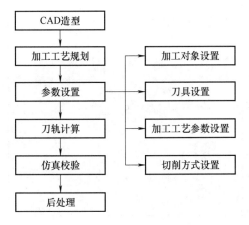

图 2.6　图形化自动编程的基本流程

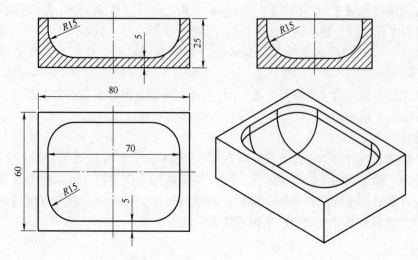

图 2.7　某模具曲面零件的尺寸

1. 选择机床类型

选择菜单栏的"M 机床类型"→"铣床"→"默认"命令，进入铣削系统加工模块。

2. 加工工艺分析

1）选择装夹方法。用毛坯底面、侧面定位，平口钳夹紧。

2）设定毛坯尺寸。根据工件尺寸和坯料尺寸，选择 80mm×60mm×25mm 的长方体，选择"材料设置"命令，出现"机器群组属性"对话框。在"材料设置"选项卡中单击"B边界盒"按钮，弹出"边界盒选项"对话框，直接单击"√"（确认）按钮，返回对话框，可以看到根据实体大小设置的毛坯尺寸为：X80、Y60、Z25，其余与图 2.8 相同，单击"√"按钮，完成毛坯尺寸设定。

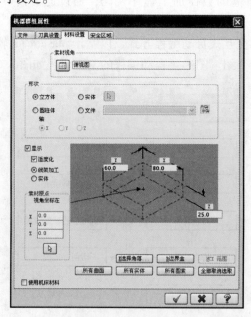

图 2.8　材料设置

3）分析加工轨迹。先用挖槽粗加工铣出留有一定余量的型腔，再用平行铣削进行精加工。

4）选用刀具。挖槽粗加工选用 ϕ12mm 的圆鼻铣刀，平行铣削精加工选用 ϕ12mm 的球头铣刀。

3. 曲面挖槽粗加工路径

首先，选择菜单栏"T 刀具路径"→"R 曲面粗加工"→"K 粗加工挖槽加工"命令，系统提示选取加工曲面，通过选取如图 2.9 所示点 P_1 和对角点 P_2 窗选加工曲面。按<Enter>键确认，弹出"刀具路径的曲面选取"对话框。

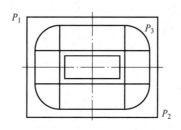

图 2.9　窗选加工曲面

其次，单击"刀具路径的曲面选取"对话框中"边界范围"项中的箭头，选取如图 2.9 所示 P_3 所指曲面边界线。按<Enter>键返回对话框，单击"√"按钮，进入"曲面粗加工挖槽"参数设置对话框，设置刀具路径参数如图 2.10 所示，设置曲面加工参数如图 2.11 所示。

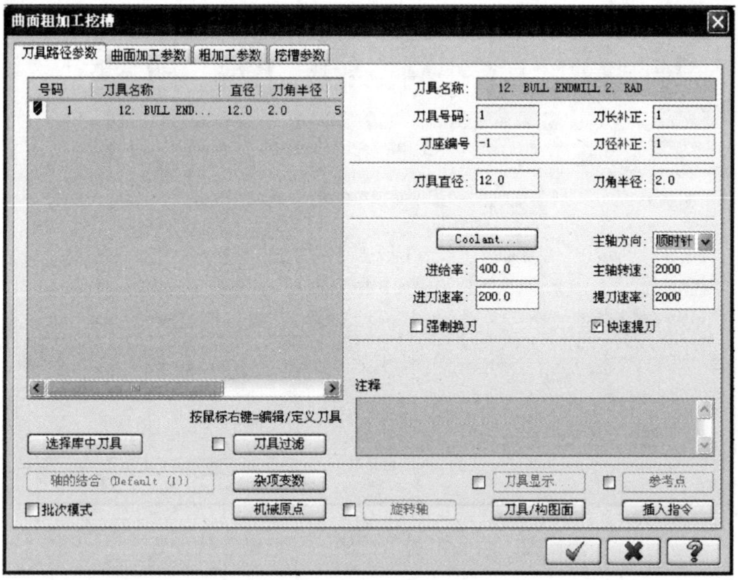

图 2.10　曲面粗加工挖槽——刀具路径参数设置

再次，选择"粗加工参数"选项卡，设置如下："整体误差"为 0.025；"Z 轴最大进给量"为 0.8；在"进刀选项"中选择"螺旋式下刀"。

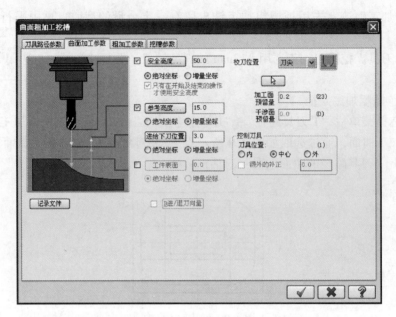

图 2.11 曲面粗加工挖槽——曲面加工参数设置

最后，选择"挖槽参数"选项卡，设置如图 2.12 所示。参数设置完成后，单击"√"按钮，生成此零件的曲面粗加工挖槽刀具路径。

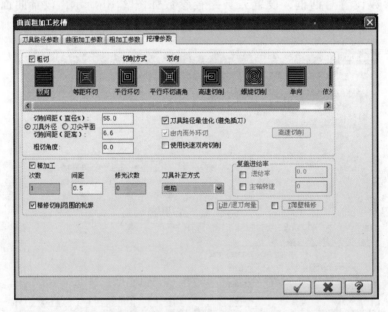

图 2.12 曲面粗加工挖槽——挖槽参数设置

4. 曲面平行铣削精加工路径

首先，选择菜单栏"T 刀具路径"→"F 曲面精加工"→"P 精加工平行铣削"命令，系统提示选取加工曲面，通过选取如图 2.9 所示点 P_1 和对角点 P_2 窗选加工曲面，按<Enter>键确认。

接着，系统弹出"刀具路径的曲面选取"对话框。单击"边界范围"项中的箭头。接连选取如图 2.9 所示 P_3 所指曲面边界线，按<Enter>键返回"刀具路径的曲面选取"对话框，单击"√"按钮。

最后，系统进入"曲面精加工平行铣削"参数设置对话框。在"刀具路径参数"选项卡中，选择 Sϕ12mm 的球头铣刀，其他参数与图 2.10 相同。"曲面加工参数"选项卡与图 2.11 相同，将"参考高度"设为 15，增量坐标；"进给下刀位置"仍为 3，增量坐标；"加工面预留量"改为 0，其他参数不变。点选"精加工平行铣削参数"选项卡，设置参数如图 2.13 所示。参数设置完成后，单击"√"按钮，生成此零件的曲面精加工平行铣削刀具路径，如图 2.14 所示。

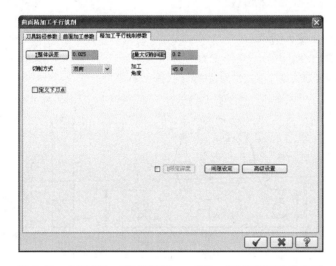

图 2.13　曲面精加工平行铣削——精加工平行铣削参数设置

5. 实体切削验证

刀具路径生成后，在操作管理窗口中单击"选择全部操作"按钮，然后单击"验证已选择的操作"按钮，进行实体切削验证，结果如图 2.15 所示。

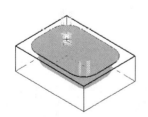

图 2.14　精加工平行铣削刀具路径

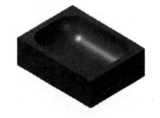

图 2.15　三维曲面加工实体图

6. 后置处理，生成 NC 程序

单击"后处理已选择的操作"按钮，弹出"后处理程式"对话框。选择保存的目录，输入不同的文件名，生成各步加工 NC 程序；或者选择所有操作，生成一个完整加工的 NC 程序。

思考与练习题

1. 什么是数控编程？
2. 简述数控编程的基本流程。
3. 简述数控编程的主要方法和特点。
4. 笛卡儿直角坐标系下，数控机床各坐标轴是如何定义的？
5. 简述什么是机床坐标系和工件坐标系。
6. 常用的基本数控指令主要包括哪些？
7. 简述绝对坐标编程、增量坐标编程的区别。
8. 简述 G00 与 G01 的含义及区别。
9. 简述图形交互式自动编程的特点及主要环节。
10. 试编写图 2.16 所示的某盖板零件外轮廓的铣削加工程序。

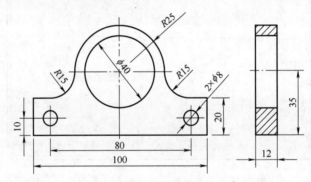

图 2.16 某盖板零件图

第3章 数控插补原理

3.1 概述

所谓"插补"（Interpolation）是数控系统根据待加工轮廓特征，并考虑刀具参数、进给速度和进给方向等工艺要求，在起点和终点之间自动插入一系列中间点的过程。数控插补的实质是已知坐标点间的"数据密化"，其过程类似于数值逼近理论中的插值技术。数控系统中完成插补工作的装置称为插补器。根据插补器的结构，可分成硬件插补器与软件插补器两类。硬件插补器由逻辑电路组成，其特点是运算速度快，但程序灵活性差、结构复杂、成本较高。软件插补器则利用数控系统微处理器执行相应的程序进行插补，其特点是结构简单、灵活易变，但运算速度较慢。目前，高档数控系统多采用软件插补与硬件插补相结合的方法，由软件完成粗插补，由硬件完成精插补。

数控插补的最基本问题是：如何根据所输入零件加工程序中有关几何形状、轮廓尺寸的原始数据及指令，通过相应的插补运算，按一定的运动关系向机床各个坐标轴分配进给增量，从而使得伺服电动机驱动工作台相对主轴（即工件相对刀具）的运动轨迹以一定的精度逼近于零件轮廓。在数控机床中，刀具或工件能够移动的最小位移量被称为脉冲当量或分辨率。刀具或工件的移动轨迹实际是由一个一个小直线段构成的折线，而非光滑曲线。也就是说，对于非直线轮廓，刀具并不是严格地按照被加工零件轮廓运动，而是沿被加工零件逼近轮廓运动。

编制的数控加工程序被输入到数控系统后，数控系统首先对程序代码进行 CNC 数据处理，然后进行实时插补运算，以控制伺服驱动系统使机床各坐标轴协调运动。数控程序的基本执行流程如图 3.1 所示。CNC 数据处理是插补之前的准备工作。插补运算的作用是按照一定的节拍实时计算出插补轨迹上各坐标轴位置增量，其基本方法包括脉冲增量插补和数据采样插补。当前程序段开始插补时，管理程序立即启动下一程序段的数据处理任务；当前程序段加工完毕后，立即启动下一程序段的插补加工。整个零件的数控加工就是在这种周而复始的计算过程中完成的。

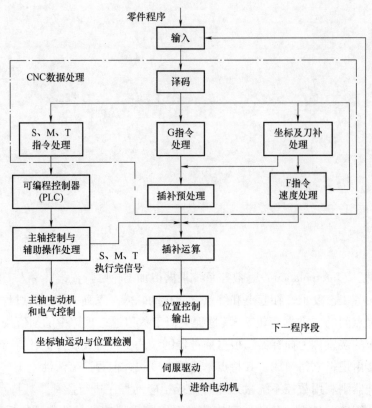

图 3.1 数控程序的基本执行流程图

3.2 CNC 数据处理

CNC 数据处理的主要工作包括指令译码、刀具补偿计算、进给速度计算、加减速控制、辅助功能指令处理等。指令译码功能是将输入的加工程序翻译成数控系统能识别的语言。刀具补偿计算是将工件轮廓轨迹转化为刀具中心轨迹。进给速度计算和加减速控制主要解决刀具运动速度问题。另外，辅助功能指令处理主要包括换刀、主轴起停、冷却液开闭等。

3.2.1 指令译码

指令译码是数控系统执行数控程序必须经过的首要步骤。指令译码是以程序段为单位对加工程序信息进行处理，其把工件轮廓信息（如起点、终点、直线或圆弧等）、进给速度和其他辅助信息（M、S、T）按照计算机能识别的数据形式，以一定的格式存放在指定的内存专用区间。在译码过程中，还要完成对程序段的语法检查。若发现程序指令存在语法错误，系统立即报警。数控程序的指令译码是从程序缓冲器和 MDI（手动数据输入）缓冲器中读取数字码和字母码并存在译码缓冲器（RAM）的过程，译码过程如图 3.2 所示。

因为数控代码比较简单，解释执行并不慢，同时解释程序占内存少、操作简单，故 CNC 软件中多数采用解释方法。解释方法是将输入程序整理成某种形式，由计算机顺序取出进行分析、判断和处理，即一边解释、一边执行。数控程序代码识别的基本过程如图 3.3

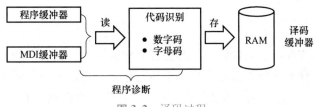

图 3.2 译码过程

所示，判断字母码功能时一般按查询方式进行；译码实时性要求不高，可按出现频率高低的顺序译码；将文字码与数字码分开处理。实际编程时，若以 C 语言编写代码识别程序，大多采用 switch 语句处理；若采用汇编语言，可通过"比较判断与转移"等语句进行代码识别。

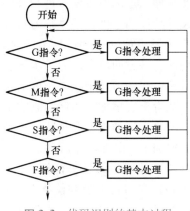

图 3.3 代码识别的基本过程

在代码识别过程中，诊断程序将对数控加工程序的语法和逻辑错误进行集中检查，只允许合法的程序段进入后续处理。语法错误主要表现为格式不规范，例如：尺寸/S/F/T 代码后的数据超出了机床、CNC 系统的范围；出现 CNC 系统中未定义的 G 代码、M 代码；N 代码后的数值超出了 CNC 系统规定的取值范围；在程序中出现不认识的功能代码。逻辑错误的主要表现为代码互斥，例如：在同一加工程序段中先后出现两个或两个以上同组 G 代码、同组 M 代码；在同一加工程序段中先后编入相互矛盾的尺寸代码；在同一加工程序段中超量编入 M 代码。

为存放数控程序译码后的指令信息，数控系统内部设置了多个缓冲寄存器区。一般地，每个区存放一个程序段的译码信息。然而，现有数控系统中的基本数控指令和特定开发的数控指令累计高达上万个，若为每个数控指令单独开设一个缓冲寄存器，译码结果寄存器的规模将大大增加，势必给数控系统硬件带来极大的压力。根据数控程序的编制规则，可对指令译码数据存放进行约定，以减少寄存器数量，具体为：

1）N、X、Y、Z、I、J、K、S、F、T 等指令代码在一个程序段中只可能出现一次，可在内存中指定固定的存储单元。

2）根据 G 代码功能的互斥性，每组 G 代码分配一个地址；在一个数控加工程序段中，最多允许出现 6 个不同组的 G 代码，则设置 6 个内存单元来存放同一程序段中的 G 指令。

3）对于辅助指令 M 代码，一个程序段中最多出现 3 个，因此系统为 M 代码准备了 3 个单元。

3.2.2 刀具补偿计算

在编制零件加工程序时,一般按照零件设计轮廓编写刀具控制点的加工程序。而实际切削时,刀具控制点往往与实际切削点存在一个位置偏差,进而导致实际加工轨迹偏离待加工目标轮廓一个偏置量。例如,零件轮廓侧铣加工,刀具编程控制点在铣刀中心轴上(平底铣刀控制点位于端部中心,球头铣刀控制点位于球心),而实际切削点在铣刀的刀刃上,那么刀具控制点与实际切削点存在一个刀具半径偏差。再如,零件钻孔加工,刀具编程控制点在钻头中心轴与端部横刃的交点处,即常说的钻头锥尖处;而实际钻孔时,往往因刀具磨损重新刃磨钻头或更换钻头,故控制点与实际锥尖点存在一个刀具长度偏差。在实际加工中,数控系统需要对刀具控制点与实际加工点的位置偏差进行合理补偿,计算出实际的刀具运动轨迹,才能加工出规定轮廓和尺寸特征的零件,即进行刀具补偿。

刀具补偿是数控程序预处理中不可或缺的关键环节,对刀具运动轨迹计算具有重要意义。利用数控系统的刀具补偿功能,一方面可实现刀具半径、刀具长度的误差补偿。数控加工过程中,由刀具磨损或换刀重调引起的刀具半径或长度的变化,只需修改相应的偏置参数即可完成刀具补偿。另一方面可减少粗、精加工程序编制的工作量。由于轮廓加工往往由多道工序完成,因此在粗加工时,均要为精加工工序预留加工余量。加工余量的预留可通过修改偏置参数实现,而不必为粗、精加工各编制一个程序。

刀具补偿功能主要包括刀具长度补偿、刀具半径补偿,分别与准备功能 G 指令中的刀具长度补偿指令(G43、G44、G49)和刀具半径补偿指令(G40~G42)相对应。数控系统的刀具长度补偿原理和计算过程相对简单,可参考 2.3.2 节中刀具长度补偿指令的描述。相对而言,刀具半径补偿计算较为复杂。典型的刀具半径补偿类型有单段轨迹刀具半径补偿和多段轨迹刀具半径补偿。

1. 单段轨迹的刀具半径补偿计算

数控系统中常用的轨迹包括直线和圆弧。直线的刀具半径补偿,需计算出刀补后轨迹起点和终点坐标,以保证实际刀具中心轨迹与原直线平行。而圆弧的刀具半径补偿,需计算出刀补后圆弧起点、终点坐标和圆弧半径,以保证刀具中心轨迹与原圆弧插补轨迹同心。

直线的刀具半径补偿原理如图 3.4a 所示。直线段起点为坐标原点,终点 A 坐标为 (X,Y),刀具半径为 r。设上一程序段加工完成后的刀具中心在 O' 点,且坐标已知。刀具半径补偿后的直线段 $O'A'$ 终点坐标为 (X',Y')。直线段终点刀具补偿矢量 $\overrightarrow{AA'}$ 的投影坐标为 $(\Delta X,\Delta Y)$,则

$$\begin{cases} X'=X+\Delta X \\ Y'=Y+\Delta Y \end{cases} \tag{3.1}$$

因 $\angle XOA=\angle A'AK=\alpha$,故

$$\begin{cases} \Delta X=r\sin\alpha=rY/\sqrt{X^2+Y^2} \\ \Delta Y=-r\cos\alpha=-rX/\sqrt{X^2+Y^2} \end{cases} \tag{3.2}$$

将式(3.2)代入式(3.1)得

$$\begin{cases} X'=X+rY/\sqrt{X^2+Y^2} \\ Y'=Y-rX/\sqrt{X^2+Y^2} \end{cases} \tag{3.3}$$

圆弧的刀具半径补偿原理如图 3.4b 所示。圆弧的圆心为坐标原点 O，起点 A 坐标 (X_0, Y_0)，终点 B 坐标 (X_e, Y_e)。圆弧半径为 R，刀具半径为 r。设上一程序段加工结束后刀具中心点为 A'，且其坐标已知。刀具半径补偿的关键是计算出刀具中心圆弧 $A'B'$ 的终点坐标 $B'(X_e', Y_e')$。设 BB' 在坐标轴上的投影为 $(\Delta X, \Delta Y)$，则

$$\begin{cases} X_e' = X_e + \Delta X \\ Y_e' = Y_e + \Delta Y \end{cases} \tag{3.4}$$

因 $\angle BOX = \angle B'BX = \alpha$，故

$$\begin{cases} \Delta X = r\cos\alpha = rX_e/R \\ \Delta Y = r\sin\alpha = rY_e/R \end{cases} \tag{3.5}$$

将式（3.5）代入式（3.4）得圆弧的刀具补偿计算式为

$$\begin{cases} X_e' = X_e + rX_e/R \\ Y_e' = Y_e + rY_e/R \end{cases} \tag{3.6}$$

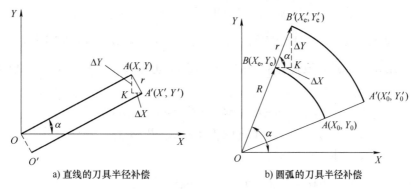

a) 直线的刀具半径补偿　　　　b) 圆弧的刀具半径补偿

图 3.4　单段轨迹的刀具半径补偿原理

2. 多段轨迹的刀具半径补偿计算

实际的零件轮廓往往由多段直线或圆弧组合而成，若仅对单段轨迹进行简单的刀具半径补偿，在线段连接处（即相邻程序段）的刀具中心轨迹极有可能出现间断点或交叉点。此时，数控系统将自动处理相邻线段连接（如尖角过渡），直接求出刀具中心轨迹的转接交点，再对原来的刀具中心轨迹做伸长或缩短修正。这种刀具半径补偿方式，刀具在尖角处不会发生停留，易于实现多坐标的刀具半径补偿。然而，该补偿方法涉及四则运算、平方、开方等，计算工作量很大。实际补偿时，数控系统根据程序段间的轨迹转接类型，确定合理的补偿计算策略。

根据相邻程序段的线段类型不同，典型的转接类型包括直线→直线、直线→圆弧、圆弧→直线、圆弧→圆弧 4 种。根据相邻两段程序轨迹的矢量夹角和刀具半径补偿方向的不同，刀具中心轨迹转接过渡可以通过轨迹缩短、轨迹过渡、轨迹延长进行处理。

同一坐标平面内直线→直线转接时，首先定义第一段编程轨迹矢量逆时针旋转到第二段编程轨迹矢量的夹角为 α。当 α 在 $0° \sim 360°$ 的范围内变化时，刀具中心轨迹的转接过渡类型可以通过 α 的正弦值和余弦值的正负、刀补类型来判断是缩短型、过渡型还是延长型，如图 3.5 所示。在左刀补方式下，当 $\alpha \leqslant 180°$ 时，转接过渡为缩短型；当 $180° < \alpha \leqslant 270°$ 时，转

接过渡为过渡型；当 $270° < \alpha \leqslant 360°$ 时，转接过渡为延长型。

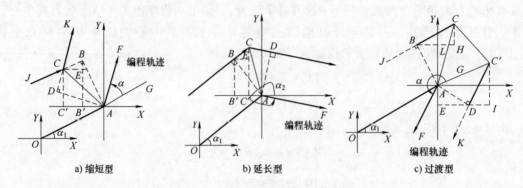

图 3.5 直线→直线的典型转接类型

不失一般性，以直线→直线的延长型转接过渡为例，介绍多段轨迹的刀具半径补偿的轨迹坐标计算过程，如图 3.5b 所示。设相邻两直线段的编程轨迹分别为 $\overrightarrow{OA}$ 与 $\overrightarrow{AF}$，其中 $\overrightarrow{OA}$ 为当前程序段轨迹，$\overrightarrow{AF}$ 为下一程序段轨迹。刀具半径补偿方式为左刀补（G41）。$\overrightarrow{OA}$ 与 X 轴夹角为 α_1，$\overrightarrow{AF}$ 与 X 轴夹角为 α_2，$\overrightarrow{OA}$ 与 $\overrightarrow{AF}$ 的夹角为 α，则 $\alpha = \alpha_2 - \alpha_1$。$\overrightarrow{AB}$ 和 $\overrightarrow{AD}$ 为刀具半径矢量，其模为刀具半径 R_d。转接过渡计算的关键是求解 $\overrightarrow{AC}$ 的坐标分量 (AC_X, AC_Y)。根据平面几何关系，可得

$$AC_X = B'C' - AB' = BC\cos\alpha_1 - R_d\sin\alpha_1 \tag{3.7}$$
$$= R_d\tan\angle BAC\cos\alpha_1 - R_d\sin\alpha_1$$

因为 $\triangle ABC \cong \triangle ADC$，所以

$$\angle BAC = \frac{1}{2}\angle DAB = \frac{1}{2}(\angle BAY + \angle YAD) \tag{3.8}$$
$$= \frac{1}{2}(\alpha_1 + 360° - \alpha_2) = 180° - \frac{\alpha_2 - \alpha_1}{2} = 180° - \frac{\alpha}{2}$$

又因为 $\tan\angle BAC = -\tan\frac{\alpha}{2}$，且 $\tan\frac{\alpha}{2} = \frac{\sin\alpha}{1+\cos\alpha}$，则

$$AC_X = -R_d\left(\tan\frac{\alpha}{2}\cos\alpha_1 + \sin\alpha_1\right) = -R_d\left(\frac{\sin\alpha}{1+\cos\alpha}\cos\alpha_1 + \sin\alpha_1\right)$$
$$= -R_d\left[\frac{\sin\alpha_1 + \sin(\alpha_1 + \alpha)}{1+\cos\alpha}\right] = -R_d\left(\frac{\sin\alpha_1 + \sin\alpha_2}{1+\cos\alpha}\right) \tag{3.9}$$

同理可推得

$$AC_Y = R_d\left(\frac{\cos\alpha_1 + \cos\alpha_2}{1+\cos\alpha}\right)$$

C 点相对于 A 点的坐标值为 (AC_X, AC_Y)。由于 A 点在工件坐标系中的坐标值已由程序给出，因此可进一步求出 C 点在工件坐标系的坐标值。

数控系统设置了多个寄存器用于多段轨迹的刀具半径补偿计算，工作寄存器 AS 存放正在加工的程序段信息；刀补寄存器 CS 存放下一个加工程序段的信息；缓冲寄存器 BS 存放

再下一个加工程序段的信息；输出寄存器 OS 存放运算结果，作为伺服系统的控制信号。具体计算过程为：

1）第一段程序首先被读入 BS，在 BS 中算得的第一段编程轨迹被送到 CS 暂存，接着将第二段程序读入 BS，算出第二段的编程轨迹。

2）对第一、第二段编程轨迹的连接方式进行判断，根据判断结果再对 CS 中的第一段编程轨迹做相应修正。

3）修正结束后，顺序地将修正后的第一段编程轨迹由 CS 送到 AS，第二段编程轨迹由 BS 送入 CS。随后，由 CPU 将 AS 中的内容送到 OS 进行插补运算，运算结果送往伺服系统以完成驱动动作。

4）当修正了的第一段编程轨迹开始被执行后，利用插补间隙，CPU 会将第三段程序读入 BS，随后判断 BS、CS 中的第三、第二段编程轨迹的连接方式，并对 CS 中的第二段编程轨迹进行修正，依次而行。

3.2.3　进给速度计算

在编制插补运动相关程序时，如 G01、G02、G03 等，需利用速度指令 F 值设定进给速度。数控系统将根据 F 值进行速度控制参量预处理计算，为系统向各坐标轴分配进给脉冲或增量做好准备。对于不同的控制系统结构，进给速度的计算输出明显不同。

1. 开环系统的进给速度计算

在开环系统中，坐标轴进给速度通过向步进电动机输出脉冲的频率来控制，为此需根据编程的速度指令 F 值确定脉冲频率。

对于开环系统，每输出一个脉冲，步进电动机就转过一定的角度，驱动坐标轴进给一个脉冲对应的距离（即脉冲当量）。插补程序根据零件轮廓尺寸和编程进给速度的要求，向各个坐标轴分配进给脉冲，脉冲频率决定进给速度。速度指令 F 值（单位为 mm/min）与脉冲频率 f（单位为 Hz）之间的关系为

$$F = 60\delta f \tag{3.10}$$

式中，δ 为脉冲当量，单位为 mm。

根据式（3.10），也可由进给速度求得脉冲频率为

$$f = \frac{F}{60\delta} \tag{3.11}$$

2. 闭环系统的进给速度计算

闭环系统中，用数据采样法进行插补运算时，进给速度计算的核心任务是根据编程的速度指令 F 值确定周期进给量 F_T，又称为轮廓步长。数控系统的插补周期 T 由系统确定，为 ms 级。每个系统都有一个固定的插补周期，例如 8ms、4ms、2ms 等。周期进给量计算如下：

$$F_T = \frac{FT}{60 \times 1000} \tag{3.12}$$

式中，F_T 为周期进给量，单位 mm，表示每个插补周期 T 的进给增量。

需要注意的是，速度指令 F 值实为刀具相对零件轮廓的合成进给速度。数控系统还需

按照待加工轮廓对周期进给量 F_T 进行分配处理，按一定的分配系数计算出各坐标轴的周期进给增量。

3.2.4 加减速控制

数控系统按照程序设定的进给速度控制刀具运动，为防止数控轴在起动或停止时产生冲击、失步、超程或振荡，保证加工运动平稳和准确定位，必须对加工运动进行加减速控制。数控系统一般都采用软件来实现加减速控制，具有较好的灵活性，例如在被加工表面形状（曲率）发生变化时及时采取改变进给速度等措施以避免过切；当刀具切入工件时，系统可以根据需要自动降低进给速率。

将加减速控制置于插补实施前，对合成进给速度（速度指令 F 值）进行的加减速处理称为插补前加减速控制或前加减速控制。该方式不影响实际插补输出的位置精度，但需要根据实际刀具位置与程序段之间距离预测减速点，计算量大。将加减速控制置于插补实施后，对各数控轴的分配进给速度分别进行的加减速控制称为插补后加减速控制或后加减速控制。该方式不需要预测减速点，而是在插补输出为零时开始减速，并通过一定的时间延迟逐渐靠近程序段终点。但是，在加速或减速过程中，数控轴的实际合成位置可能不准确。而当进给运动进入匀速状态后，这种影响就不存在了。

数控系统中典型的加减速控制方法包括直线加减速控制、指数加减速控制和 S 形曲线加减速控制。

1. 直线加减速控制

直线加减速控制使数控轴在起动或停止时，速度沿一定斜率的直线上升或下降。直线加减速的速度曲线如图 3.6 所示。直线加减速的速度与时间的关系为

$$\begin{cases} V_i = V_{i-1} + a_1 t & \text{加速阶段} \\ V_i = V_{i-1} & \text{匀速阶段} \\ V_i = V_{i-1} - a_2 t & \text{减速阶段} \end{cases} \qquad (3.13)$$

式中，V_{i-1} 为插补前速度；V_i 为插补后速度；a_1、a_2 为加速度系数；t 为时间。

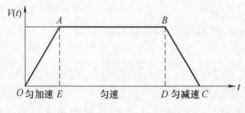

图 3.6 直线加减速的速度曲线

直线加减速控制的优点是算法简单、占用机时少、机床响应快；缺点是存在加速度突变、柔性冲击，速度过渡不平滑，运动精度低。该方式常用于起停、进退刀等辅助运动。

2. 指数加减速控制

指数加减速控制是使数控轴的速度随着时间按指数规律上升或下降，如图 3.7 所示。指数加减速的速度与时间的关系为

$$\begin{cases} V(t) = V_\mathrm{g}(1 - \mathrm{e}^{-t/\tau}) & 加速阶段 \\ V(t) = V_\mathrm{g} & 匀速阶段 \\ V(t) = V_\mathrm{g}\mathrm{e}^{-t/\tau} & 减速阶段 \end{cases} \qquad (3.14)$$

式中，V_g 为稳定速度；t 为时间；τ 为时间常数。

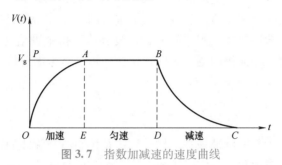

图 3.7　指数加减速的速度曲线

相较于直线加减速控制，指数加减速控制的平滑性较好、运动精度高，但算法复杂、占用机时较多。实际计算时大多采用迭代计算或查表方法代替指数运算，以提高计算速度。该方式常用于常规速度和精度的加工。

3. S 形曲线加减速控制

S 形曲线加减速控制因数控轴在加减速阶段的速度曲线呈 S 形而得名，如图 3.8 所示。运行过程可分为 7 段：加加速段、匀加速段、减加速段、匀速段、加减速段、匀减速段、减减速段。图中，起点速度为 V_s；终点速度为 V_e；t 为时间坐标；t_k 表示各个阶段的过渡点时刻；τ_k 为局部时间坐标，表示以各个阶段的起始点作为时间零点，$\tau_k = -t_{k-1}$；T_k 为各个阶段的持续运行时间；$k = 0, 1, \cdots, 7$。

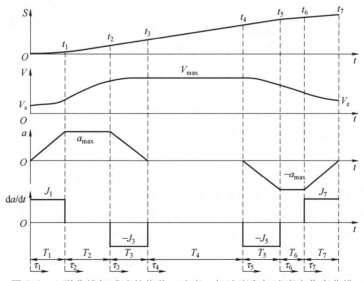

图 3.8　S 形曲线加减速的位移、速度、加速度和加速度变化率曲线

S 形曲线加减速控制在任意时间的加速度均连续变化，速度平滑性好，运动精度高，非常适合高速数控系统，常用于高速、高精度加工的场合。一些先进的数控系统采用 S 形曲线

加减速控制，通过对起动阶段即高速阶段的加速度衰减，来保证电动机性能的充分发挥和减小起动冲击。

CNC 数据处理中，往往存在多字长运算、左右移位处理，计算复杂度高、耗时。为此，当前程序段插补过程中，必须提前将下一程序段全部处理完，实际的数据处理运算是齐头并进，否则会出现数控系统等待，造成间断式加工。对于数控系统，在数据处理算法设计时，必然面对计算精度与实时性相矛盾的问题，需慎重协调。改善加减速控制算法能够起到一定的效果。例如，若加工轨迹较短，则往往刀具还没有达到指令进给速度就必须做减速处理，以免在加工中发生超程、冲撞等问题，因此减速预估算法需考虑总体轨迹长度。

3.3 脉冲增量插补

脉冲增量插补又称为基准脉冲插补。插补算法是控制单个脉冲的输出规律。每输出一个脉冲，移动部件都要相应地移动一定的距离，这个距离就是脉冲当量。脉冲增量插补的特点是：每走一"步"的行程是固定的；每走一"步"的时间由系统控制，从而通过调整脉冲频率来控制系统的运行速度；多用于步进电动机驱动系统的开环控制系统。这类插补的实现方法比较简单，通常只用加法和移位即可完成插补，故其易用硬件实现，且运算速度快。目前，这类插补算法也可用软件完成，但多适用于一些中等加工精度或速度的数控系统。

脉冲增量插补常用的方法有逐点比较法和数字积分法。

3.3.1 逐点比较法

逐点比较法顾名思义就是刀具每进给一步，都与插补轨迹进行比较，由比较结果决定下一步的移动方向。一般情况下，逐点比较法的插补过程主要包括偏差计算、坐标进给、终点判别3个基本步骤。其中，偏差计算是计算当前刀位点与插补轨迹间的偏差，作为下一步进给的判别依据；坐标进给是使刀具向减小偏差的方向进给，并趋向终点移动；终点判别是判断是否到达终点，若到达终点则结束插补，否则对新刀位点进行偏差计算，依次迭代循环直至插补轨迹终点。

1. 直线插补

如图 3.9 所示，待插补直线轨迹为 XOY 工作平面内第一象限的直线 OE，起点为坐标原点 O，终点为 $E(X_e, Y_e)$，直线方程为

$$X_e Y - X Y_e = 0 \qquad (3.15)$$

易判断，当前插补点 P 与直线 OE 存在 3 种位置关系：若点 P 在直线的上方，即点 P_1，则 $X_e Y - X Y_e > 0$；若点 P 在直线上，则 $X_e Y - X Y_e = 0$；若点 P 在直线的下方，即点 P_2，则 $X_e Y - X Y_e < 0$。

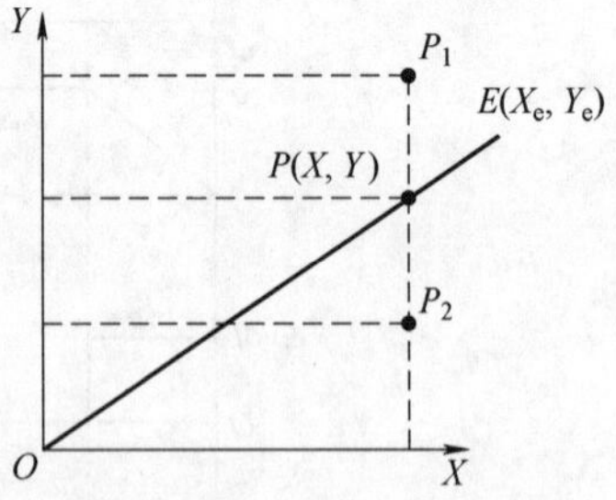

图 3.9 插补点与直线的位置关系

为此，可构造位置偏差函数为

$$F = X_e Y - X Y_e \qquad (3.16)$$

对于第一象限的直线，其位置偏差符号与进给方向的关系为：若 $F \geq 0$，则插补点在直线的上方，向 $+X$ 或 $-Y$ 方向进给；若 $F < 0$，则插补点在直线的下方，向 $+Y$ 或 $-X$ 方向进给。

根据式（3.16），刀具每进给一步进行位置偏差计算，均需进行两次乘法和一次减法运算，这给早期的数控系统带来了很大的计算压力。为了简化乘除操作，推导直线插补递推算法。设待插补直线位于第一象限中，根据式（3.16），当前插补点 $P_{i,j}(X_i, Y_j)$ 的位置偏差 $F_{i,j}$ 为

$$F_{i,j} = X_e Y_j - X_i Y_e \qquad (3.17)$$

若沿 +X 方向进给一步，则

$$\begin{cases} X_{i+1} = X_i + 1 \\ F_{i+1,j} = X_e Y_j - (X_i + 1) Y_e = F_{i,j} - Y_e \end{cases} \qquad (3.18)$$

若沿 +Y 方向进给一步，则

$$\begin{cases} Y_{j+1} = Y_j + 1 \\ F_{i,j+1} = X_e (Y_j + 1) - X_i Y_e = F_{i,j} + X_e \end{cases} \qquad (3.19)$$

由式（3.18）和式（3.19）可知，对于图 3.10 中的直线，可迭代计算当前插补点的位置偏差 F，即 $F \geq 0$ 时，$F = F - Y_e$；$F < 0$ 时，$F = F + X_e$。由此，采用递推算法后，每次进给仅需一次加减法计算，不必计算和保存刀具中间点坐标，减少了计算量和运算时间，提高了插补速度。

在插补计算、进给的同时还要进行终点判别。常用的终点判别方法有两个，一是终点坐标比较，例如对第一象限直线，每走一步判断 $X_i - X_e \geq 0$ 且 $Y_i - Y_e \geq 0$ 是否成立，若条件满足，证明到达终点；二是总步数比较，取总步数 $\Sigma = X_e + Y_e$，设置一个步数计数器，X 或 Y 每进给一步，计数步数减 1（$\Sigma = \Sigma - 1$），当计数步数减到零时（即 $\Sigma = 0$），到达插补终点。

前述为第一象限的直线插补方法。对第一象限插补方法做适当处理可推广至其余象限。为适用于不同象限的直线插补，在插补计算时，无论哪个象限的直线，都用其坐标绝对值计算。四象限直线的偏差符号和插补进给方向如图 3.10 所示。由图可以看出，$F \geq 0$ 时沿着 X 绝对值增大的方向进给，即第一、四象限走 +X 方向，第二、三象限走 -X 方向；$F < 0$ 时沿着 Y 绝对值增大的方向进给，即第一、二象限走 +Y 方向，第三、四象限走 -Y 方向。四象限直线插补流程如图 3.11 所示。

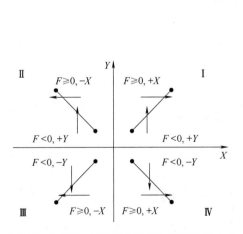

图 3.10 四象限直线偏差符号和插补进给方向

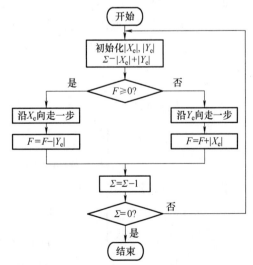

图 3.11 四象限直线插补流程图

2. 圆弧插补

采用逐点比较法进行圆弧插补，其关键在于通过插补点到圆心的距离反映刀具位置与被加工圆弧之间的关系。如图 3.12 所示，待插补圆弧为 XOY 工作平面内第一象限圆弧，设圆弧圆心在坐标原点，顺圆弧插补方式，已知圆弧起点为 $A(X_A, Y_A)$，终点为 $B(X_B, Y_B)$，半径为 R。圆方程为

$$(X^2 + Y^2) - (X_A^2 + Y_A^2) = 0 \tag{3.20}$$

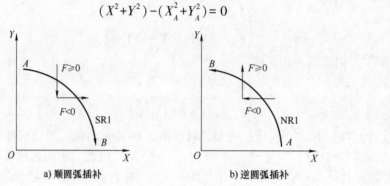

a) 顺圆弧插补　　　　　　　　　　　　b) 逆圆弧插补

图 3.12 第一象限顺、逆圆弧插补

易判断，当前插补点 P 与圆弧 AB 存在 3 种位置关系：若点 P 在圆弧外，则 $(X^2 + Y^2) - (X_A^2 + Y_A^2) > 0$；若点 P 在圆弧上，则 $(X^2 + Y^2) - (X_A^2 + Y_A^2) = 0$；若点 P 在圆弧内，则 $(X^2 + Y^2) - (X_A^2 + Y_A^2) < 0$。

为此，可构造位置偏差函数为

$$F = (X^2 + Y^2) - (X_A^2 + Y_A^2) \tag{3.21}$$

对于第一象限的圆弧，若采用逆圆弧插补，如图 3-12b 所示，其位置偏差符号与进给方向的关系为：若 $F \geq 0$，则插补点在圆弧上或外，向 $-X$ 方向进给；若 $F < 0$，则插补点在圆弧内，向 $+Y$ 方向进给。采用顺圆弧插补时，若 $F \geq 0$，则插补点在圆弧上或外，向 $-Y$ 方向进给；若 $F < 0$，则插补点在圆弧内，向 $+X$ 方向进给。

根据式（3.21），刀具每进给一步进行位置偏差计算，均需进行四次平方、两次加法和一次减法运算。借鉴逐点比较法直线插补的处理思路，可以推导圆弧插补的递推算法。设待插补圆弧位于第一象限中，如图 3.12 所示，逆圆弧插补，当前插补点 $P_{i,j}(X_i, Y_j)$ 的位置偏差 F 为

$$F_{i,j} = (X_i^2 + Y_j^2) - (X_A^2 + Y_A^2) \tag{3.22}$$

若沿 $-X$ 方向进给一步，则

$$\begin{cases} X_{i+1} = X_i - 1 \\ F_{i+1,j} = (X_i - 1)^2 + Y_j^2 - (X_A^2 + Y_A^2) = F_{i,j} - 2X_i + 1 \end{cases} \tag{3.23}$$

若沿 $+Y$ 方向进给一步，则

$$\begin{cases} Y_{j+1} = Y_j + 1 \\ F_{i,j+1} = X_i^2 + (Y_j + 1)^2 - (X_A^2 + Y_A^2) = F_{i,j} + 2Y_j + 1 \end{cases} \tag{3.24}$$

终点判别可采用与直线插补相同的方法。以总步数比较为例，将 X 轴、Y 轴的进给步数总和存入一个步数计数器，$\Sigma = |X_B - X_A| + |Y_B - Y_A|$，每走一步 Σ 减 1，当 $\Sigma = 0$ 时发出结

束信号。第一象限逆圆弧插补流程如图 3.13 所示。

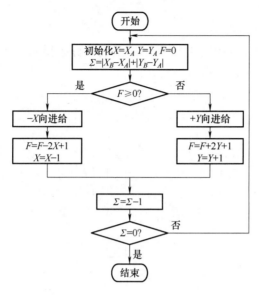

图 3.13 第一象限逆圆弧插补流程图

四象限圆弧插补的位置偏差符号和插补进给方向如图 3.14 所示。由图可以看出，若 $F \geq 0$，沿着插补方向（顺时针或逆时针），向靠近圆心的方向进给；若 $F < 0$，沿着插补方向，向离开圆心的方向进给。

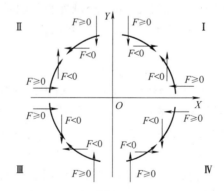

图 3.14 四象限圆弧插补位置偏差符号和插补进给方向

在 CNC 系统中，软件实现逐点比较法插补比较方便。该方法的特点是：运算简单、过程清晰；插补误差小于一个脉冲当量，输出脉冲均匀，输出脉冲速度变化小，调节方便；但不适用于高速度、高精度、多轴联动的场合。

3.3.2 数字积分法

数字积分法是一种利用数字积分的原理进行插补运算的方法，所用的数字积分器又称数字微分分析器（Digital Differential Analyzer，DDA），因此常被称为 DDA 法。该方法是根据数字积分中的几何概念，将函数中的积分运算变成变量的求和运算。在计算机中，求积分的过程可以用数的累加近似。如果脉冲当量足够小，则用求和运算代替积分运算，所引起的误差可以控制在容许的范围内。

1. 数字积分法的基本原理

数字积分法的基本原理可用图 3.15 所示的函数积分来说明。从时刻 0 到 t，求函数 $y = f(t)$ 曲线所包围的面积 S 时，可用积分式

$$S = \int_0^t f(t)\,\mathrm{d}t \tag{3.25}$$

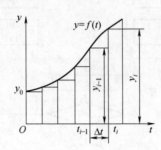

图 3.15 数字积分法的基本原理图

如果将 $0 \sim t$ 的时间划分成时间间隔为 Δt 的有限区间，当 Δt 足够小时，则 S 离散化为

$$S = \int_0^t f(t)\,\mathrm{d}t = \sum_{i=1}^n y_{i-1}\Delta t \tag{3.26}$$

式中，y_i 为 $t = t_i$ 时的 $f(t)$ 值；n 为区间数。

数控系统进行脉冲增量插补运算时，Δt 取一个脉冲当量的时间宽度，即最小时间单位，则在式（3.26）中可将 Δt 视为基本单位"1"，进一步简化为

$$S = \sum_{i=1}^n y_{i-1} \tag{3.27}$$

由于计算机中累加器的累加过程类似式（3.27）所表达的数字积分过程，可以设计一种"被积函数寄存器+积分累加器"的数字积分插补器基本结构，或者称为基本数字积分器。在被积函数寄存器中存放被累加值，如直线的终点坐标、圆弧半径等。系统每发出一个当量宽度的时钟脉冲，插补器自动将寄存器中的数值累加到积分累加器中，当累加值超过积分累加器位数，则产生一个溢出脉冲，即脉冲增量。根据图 3.15，积分累加器每溢出一次可表示积分一个单位时间的面积。可以看出，系统发出的时钟脉冲个数表示积分累加器的累加次数，积分累加器的溢出脉冲数表示数控轴的脉冲增量数，积分累加器的溢出速度表示数控轴的插补进给速度。若设计多个"被积函数寄存器+积分累加器"分别对应机床的多个数控轴，则在一定的时钟脉冲节拍控制下，多个积分累加器存在同时溢出脉冲的可能，这为多轴联动插补提供了一种可选方案。

2. DDA 直线插补

如图 3.16 所示，待插补直线位于 XOY 工作平面内，起点为原点，终点为 $E(X_e, Y_e)$。根据直线插补运动特点，可以利用各坐标轴的速度分量 V_X、V_Y 进行数字积分来确定刀具的位置。根据式（3.26），用数字积分的原理在 X 轴、Y 轴方向上分配脉冲，其所对应的微小位移增量 ΔX、ΔY 分别为 $\Delta X = V_X\Delta t$，$\Delta Y = V_Y\Delta t$。对于直线来说，V_X 和 V_Y 是常数并满足

$$\frac{V_X}{X_e} = \frac{V_Y}{Y_e} = k \tag{3.28}$$

式中，k 为常数。则 $V_X = kX_e$，$V_Y = kY_e$。

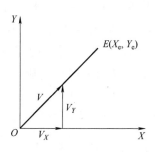

图 3.16　DDA 直线插补原理

因此坐标轴的位移增量为

$$\begin{cases} \Delta X = kX_e \Delta t \\ \Delta Y = kY_e \Delta t \end{cases} \tag{3.29}$$

平面内 DDA 直线插补格式为

$$\begin{cases} X = \int_0^t kX_e \mathrm{d}t = k\sum_{i=1}^m X_e \Delta t = kX_e \sum_{i=1}^m \Delta t = mkX_e \\ Y = \int_0^t kY_e \mathrm{d}t = k\sum_{i=1}^m Y_e \Delta t = kY_e \sum_{i=1}^m \Delta t = mkY_e \end{cases} \tag{3.30}$$

插补点从直线起点进给至终点的过程，可以看作是各坐标轴每经过一个单位时间间隔 Δt、分别以增量 kX_e 和 kY_e 同时累加的过程。据此，可以设计直线 DDA 插补器，其由两个基本数字积分累加器组成，如图 3.17 所示。被积函数寄存器中存放直线的终点坐标值。对于直线 DDA 插补器，系统每发一个时钟脉冲（即一个 Δt），kX_e 和 kY_e 向各自的积分累加器累加一次；若累加值超过积分累加器位数，产生一次溢出，则所对应的坐标轴方向进给一步。累加的结果有无溢出脉冲 ΔX（或 ΔY）取决于积分累加器容量和 kX_e（或 kY_e）的大小。

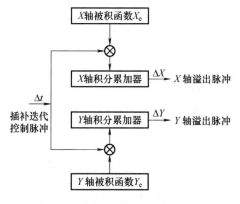

图 3.17　DDA 直线插补器

若经过 m 次累加后，X 轴和 Y 轴分别或同时到达终点 E，即下式成立：

$$mk = 1 \text{ 或 } m = \frac{1}{k} \tag{3.31}$$

式中，m 为积分累加器容量，即累加总次数。

k 的选择主要考虑每次增量 ΔX 或 ΔY 不大于 1，以保证坐标轴上每次分配进给脉冲不超过一个，且 X_e、Y_e 的最大允许值受插补器中被积函数寄存器的容量限制。假定被积函数寄存器有 n 位，X_e 及 Y_e 的最大值为被积函数寄存器的最大容量值 $2^n - 1$。为满足 $kX_e < 1$ 及 $kY_e < 1$ 的溢出条件，即 $kX_e = k(2^n - 1) < 1$，$kY_e = k(2^n - 1) < 1$，则

$$k < \frac{1}{2^n - 1} \tag{3.32}$$

一般取 $k = \frac{1}{2^n}$，则满足 $\Delta X = kX_e = \frac{2^n - 1}{2^n} < 1$，$\Delta Y = kY_e = \frac{2^n - 1}{2^n} < 1$，故累加次数 m 为

$$m = \frac{1}{k} = 2^n \tag{3.33}$$

DDA 直线插补终点判别比较简单，设一个位数为 n 的计数器，用加计数或减计数（事先置入累加次数 $m = 2^n$）来计算累加脉冲数，当插补（累加）2^n 次时，计数器的最高位即发生溢出，停止插补运算。

3. DDA 圆弧插补

从上面的叙述可知，DDA 直线插补的物理意义是使刀具点沿速度矢量的方向前进，这同样适合圆弧插补。如图 3.18 所示，以 XOY 工作平面内第一象限逆圆弧插补为例，设刀具沿圆弧 AB 插补进给，圆弧半径为 R，刀具切向速度为 V，插补点为 $P(X, Y)$。由图可看出，切向速度 V 与分速度 V_X 和 V_Y 关系为

$$\frac{V}{R} = \frac{V_X}{Y} = \frac{V_Y}{X} = k \tag{3.34}$$

式中，k 为比例常数。要求切向速度 V 不变，半径 R 为常数。

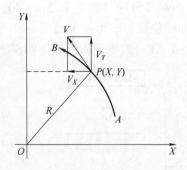

图 3.18 第一象限逆圆弧 DDA 插补原理图

在单位时间增量 Δt 内，X、Y 位移增量方程为

$$\begin{cases} \Delta X = -V_X \Delta t = -kY\Delta t \\ \Delta Y = V_Y \Delta t = kX\Delta t \end{cases} \tag{3.35}$$

与 DDA 直线插补一样，取积分累加器容量为 2^n，$k = 1/2^n$，n 为积分累加器、被积函数寄存器的位数，则平面内 DDA 圆弧插补格式为

$$\begin{cases} X = \int_0^t - kY\mathrm{d}t = -\dfrac{1}{2^n}\sum_{i=1}^m Y_i\Delta t \\[3mm] Y = \int_0^t kX\mathrm{d}t = \dfrac{1}{2^n}\sum_{i=1}^m X_i\Delta t \end{cases} \tag{3.36}$$

DDA 圆弧插补的终点判别：由计算出的数控轴位置 $\sum_{\Delta X}$、$\sum_{\Delta Y}$ 与圆弧终点坐标做比较，当某个数控轴到终点时，该轴不再有进给脉冲发出，当两数控轴都到达终点后，插补运算结束。

由第一象限逆圆弧加工的 DDA 插补表达式可得到其圆弧插补器结构图，如图 3.19 所示。在 DDA 圆弧插补中，X 轴被积函数寄存器与 Y 轴坐标相关联，Y 轴被积函数寄存器与 X 轴坐标相关联。其工作过程为：开始时 X 轴和 Y 轴被积函数寄存器中存放的是起点坐标 Y_i 和 X_i，每当 Y 轴产生一个溢出脉冲（$+\Delta Y$）时，X 轴被积函数寄存器做+1 修正；每当 X 轴产生一个溢出脉冲（$-\Delta X$）时，Y 轴被积函数寄存器做-1 修正；被积函数寄存器修正符号的确定取决于插补点 P 所在的象限以及插补方向。

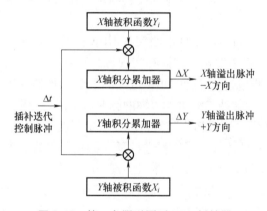

图 3.19　第一象限逆圆弧 DDA 插补器

XOY 工作平面内数控轴位移与被积函数的修正关系见表 3.1，共有 8 种线型，分别为第一、二、三、四象限顺圆弧（其符号分别对应为 SR1、SR2、SR3、SR4）和第一、二、三、四象限逆圆弧（其符号分别对应为 NR1、NR2、NR3、NR4）。"+"号表示修正被积函数时该被积函数加 1，"–"号表示修正被积函数时该被积函数减 1。+x 表示沿 X 轴正向进给，$-\Delta X$ 表示沿 X 轴负向进给，$+\Delta Y$ 表示沿 Y 轴正向进给，$-y$ 表示沿 Y 轴负向进给。被积函数值和余数值均为无符号数，即按绝对值处理。

表 3.1　XOY 工作平面内 DDA 圆弧插补进给方向及修正符号表

圆弧线型	X 轴进给方向	Y 轴进给方向	X 轴被积函数修正符号	Y 轴被积函数修正符号
SR1	$+\Delta X$	$-\Delta Y$	–	+
SR2	$+\Delta X$	$+\Delta Y$	+	–
SR3	$-\Delta X$	$+\Delta Y$	–	+
SR4	$-\Delta X$	$-\Delta Y$	+	–
NR1	$-\Delta X$	$+\Delta Y$	+	–

（续）

圆弧线型	X 轴进给方向	Y 轴进给方向	X 轴被积函数修正符号	Y 轴被积函数修正符号
NR2	$-\Delta X$	$-\Delta Y$	$-$	$+$
NR3	$+\Delta X$	$-\Delta Y$	$+$	$-$
NR4	$+\Delta X$	$+\Delta Y$	$-$	$+$

由 DDA 直线插补和 DDA 圆弧插补的特点可知，系统每发出一个时钟脉冲，DDA 插补器进行一次积分（求和）运算。每次运算中，X 轴方向平均进给的比率为 $X/2^n$（2^n 为积分累加器容量），而 Y 轴方向的进给比率为 $Y/2^n$，所以两轴联动时的合成进给速度为

$$V = 60\delta \frac{f_g}{2^n}\sqrt{X^2+Y^2} = 60\delta \frac{L}{2^n}f_g \tag{3.37}$$

式中，δ 为脉冲当量，单位为 mm；f_g 为插补迭代控制脉冲源频率；L 为编程的插补段的行程，直线插补段时为直线长度，即 $L=\sqrt{X^2+Y^2}$，圆弧插补段时为圆弧半径，即 $L=R$。

4. 软件 DDA 插补

早期的数控系统是采用特定的硬件电路实现 DDA 插补，可满足单一轨迹、简单轮廓的 DDA 插补。在实际执行过程中发现，该插补实现方式存在一些问题：①加工工件的最大尺寸受到积分累加器字长的限制；②硬件 DDA 电路的积分累加器的字长是固定的，易造成各轴插补速度不均；③长轴的脉冲先溢出，短轴的脉冲后溢出，导致较大的轮廓插补误差。尽管可以采用"左移规格化""预置初值"等措施在一定程度上改善硬件存在的问题，但是因为硬件 DDA 插补往往把一种插补运算过程进行了"固化"处理，所以如果要求这种硬件插补电路的参数随加工过程动态调整，几乎难以实现。

随着计算机技术的发展，数控系统可通过软件编程方式实现 DDA 插补运算，为数控轴分配进给脉冲。软件 DDA 插补具有如下优点：

1）可以随着加工程序段行程的变化而自动改变积分累加器的溢出基值，以提高脉冲发生率，稳定脉冲输出速度，并可以增大加工工件的尺寸。其中，直线插补以位移量最大的坐标轴分量（长轴）为溢出基值，圆弧插补以半径 R 为溢出基值。

2）积分累加器预置一定的初值，可以使被积函数值较小的坐标轴提前发生位置变化，从而改善加工轨迹，提高插补精度。其中，直线插补预置溢出基值（位移量最大的坐标轴分量）的一半，即"半加载"，圆弧插补预置溢出基值（半径 R）减 1，即 $R-1$。

下面以第一象限 1/4 圆弧 AB 顺圆弧插补为例介绍软件 DDA 圆弧插补过程。圆心 O 位于坐标原点，起点坐标为 $A(0,5)$，终点坐标为 $B(5,0)$。设脉冲当量 $\delta_X=\delta_Y=1$mm。未置初值的圆弧插补运算表和插补轨迹如图 3.20 所示。预置初值的圆弧插补运算表和插补轨迹如图 3.21 所示。

数字积分法不仅可方便地实现一次、二次曲线的插补，还可用于各种函数运算，而且易于实现多坐标轴联动，所以 DDA 插补使用范围较广。这种方法运算速度快，脉冲分配均匀，易于实现多坐标轴联动和描绘多种平面函数；但需要采取必要的措施才能保证插补精度。

脉冲增量插补的特点为：①控制简单，用于步进电动机驱动的开环系统中，或者用于伺服电动机的位置控制方式；②由于受到步进电动机运行频率的限制或者输出脉冲接口电路、

Σ_X	Σ_Y	进给	X	Y
0	0		0	5
0	5→0	$+\Delta X$	1	5
1	5→0	$+\Delta X$	2	5
3	5→0	$+\Delta X$	3	5
6→1	5→0	$+\Delta X,-\Delta Y$	4	4
5→0	4	$-\Delta Y$	4	3
4	7→2	$+\Delta X$	5	3
9→4	5→0	$-\Delta Y$	5	2
9→4	2	$-\Delta Y$	5	1
9→4	3	$-\Delta Y$	5	0

a) 插补运算表

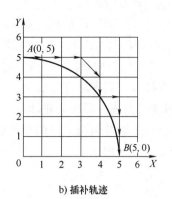

b) 插补轨迹

图 3.20　未置初值的软件 DDA 圆弧插补

Σ_X	Σ_Y	进给	X	Y
4	4		0	5
4	9→4	$+\Delta X$	1	5
5→0	9→4	$+\Delta X,-\Delta Y$	2	4
2	8→3	$+\Delta X$	3	4
5→0	7→2	$+\Delta X,-\Delta Y$	4	3
4	5→0	$+\Delta X$	5	3
9→4	3	$-\Delta Y$	5	2
9→4	5→0	$-\Delta Y$	5	1
9→4	1	$-\Delta Y$	5	0

a) 插补运算表

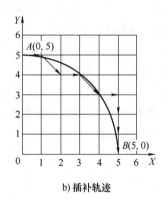

b) 插补轨迹

图 3.21　预置初值的软件 DDA 圆弧插补

脉冲可靠性的限制，因此输出脉冲不可能太高，运行速度较低；③步长（脉冲当量）是确定的，所以精度较低；④必须解决生成脉冲的控制问题，若使用软件定时，则系统的运行速度将受到较大影响；⑤有其他的改进方法，例如针对逐点比较法的最小误差法，针对 DDA 的以割线代替切线的 DDA 方法、二阶近似 DDA 方法等。

3.4　数据采样插补

随着直流或交流伺服驱动被应用于数控机床，数控系统广泛采用半闭环或全闭环伺服控制方式。在这些数控系统中，插补模块按一定的时间间隔进行插补计算，算出在任一时间间隔内各坐标轴的进给量（数字量），并输出指令位置数据；同时，系统定时地反馈回路采样（当前实际位置）；控制系统根据位置偏差，驱动伺服电动机实现运动进给。这种按照采样时间节拍进行插补运算的过程称为数据采样插补，或称为数字增量插补。该插补法的特点是：每走一"步"的时间是固定的；每走一"步"的行程由系统控制，从而控制系统的运行速度。

为此，数据采样插补需重点关注两个基本时间参数：插补周期和采样周期。插补周期用于控制插补模块计算的时间节拍，而采样周期用于控制系统位置反馈的时间节拍，或称为位控周期。插补周期必须大于插补运算时间与完成其他实时任务时间之和，一般情况下，应取为最长插补运算时间的两倍以上。插补周期应与位控周期相等或成整数倍关系，如 2 倍及以上，从而使插补运算与位置控制相互协调。对于一个 CNC 装置，插补周期和采样周期都是固定的。

数据采样插补的基本运算过程为：首先，根据编程指令设定的进给速度 F 和插补周期 T，将轮廓曲线分割成一段段的轮廓步长 F_T；然后，根据刀具运动轨迹与各坐标轴的几何关系求出各轴在一个插补周期 T 内的插补进给量 ΔX、ΔY 或 ΔZ，进而以这些微小直线段（轮廓步长）来逼近轮廓曲线。

3.4.1 直线数据采样插补

若待插补直线为平面直线，即 XOY 工作平面内第一象限的直线 AP，如图 3.22 所示，起点坐标为 $A(X_A,Y_A)$，终点坐标为 $P(X_P,Y_P)$。刀具从 A 点到 P 点沿给定直线 AP 运动，必须使 X 轴和 Y 轴的运动速度（即周期进给分量）始终保持一定的比例关系。这个比例关系由直线 AP 与 X 轴正方向的夹角 α 确定。

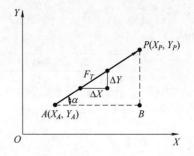

图 3.22 平面直线数据采样插补原理图

平面直线插补运算时，首先根据式（3.12）计算出周期进给量 F_T，接着计算出每个插补周期 T 内 X、Y 坐标方向的增量值 ΔX、ΔY，即

$$\begin{cases} \Delta X = F_T\cos\alpha \\ \Delta Y = \dfrac{Y_P-Y_A}{X_P-X_A}\Delta X = \Delta X\tan\alpha \end{cases} \tag{3.38}$$

若待插补直线为三维空间直线，如图 3.23 所示。起点坐标为 $P_0(X_0,Y_0,Z_0)$，终点坐标为 $P_e(X_e,Y_e,Z_e)$。为保证刀具从 P_0 点严格按照直线轨迹运动至 P_e 点，各数控轴的周期进给量需按照该直线的方向余弦保持一定的比例关系。该直线的方向余弦为

$$\begin{cases} \cos\alpha = \dfrac{X_e-X_0}{\sqrt{(X_e-X_0)^2+(Y_e-Y_0)^2+(Z_e-Z_0)^2}} \\ \cos\beta = \dfrac{Y_e-Y_0}{\sqrt{(X_e-X_0)^2+(Y_e-Y_0)^2+(Z_e-Z_0)^2}} \\ \cos\gamma = \dfrac{Z_e-Z_0}{\sqrt{(X_e-X_0)^2+(Y_e-Y_0)^2+(Z_e-Z_0)^2}} \end{cases} \tag{3.39}$$

第 i 个插补周期中，刀具从 P_i 点运动至 P_{i+1} 点，X、Y、Z 轴的位置增量 ΔX、ΔY、ΔZ 分别为 F_T 在 3 个轴方向上的投影，即

$$\begin{cases} \Delta X = F_T\cos\alpha \\ \Delta Y = F_T\cos\beta \\ \Delta Z = F_T\cos\gamma \end{cases} \tag{3.40}$$

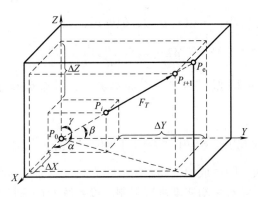

图 3.23　三维空间直线数据采样插补原理图

则指令位置的迭代算法为

$$
\begin{cases}
X_{i+1}=X_i+\Delta X\\
Y_{i+1}=Y_i+\Delta Y\\
Z_{i+1}=Z_i+\Delta Z
\end{cases}
\tag{3.41}
$$

3.4.2　圆弧数据采样插补

圆弧数据采样插补的基本思想是在满足精度要求的前提下，用弦或割线进给代替圆弧进给，即用直线逼近圆弧。如图 3.24 所示，待插补圆弧为第一象限圆弧，圆心位于坐标原点，起点为 P_0，终点为 P_e，采用弦线逼近的方式进行插补运算。选择逆圆弧插补方式，当前插补点 P_i 的坐标为 (X_i,Y_i)，在一定的逼近精度条件下，计算出一个插补周期 T 内下一插补点 P_{i+1} 的坐标 (X_{i+1},Y_{i+1})。图 3.24 中，合成周期进给量为 F_T，θ 为每个插补周期对应的圆心角，圆弧半径为 R。第一象限内逆圆弧插补的迭代式为

$$
\begin{cases}
\begin{aligned}
X_{i+1}&=R\cos\alpha_{i+1}=R\cos(\alpha_i+\theta)\\
&=R\cos\alpha_i\cos\theta-R\sin\alpha_i\sin\theta=X_i\cos\theta-Y_i\sin\theta\\
Y_{i+1}&=R\sin\alpha_{i+1}=R\sin(\alpha_i+\theta)\\
&=R\sin\alpha_i\cos\theta+R\cos\alpha_i\sin\theta=Y_i\cos\theta+X_i\sin\theta
\end{aligned}
\end{cases}
\tag{3.42}
$$

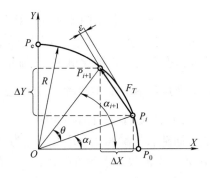

图 3.24　圆弧数据采样插补原理图

式（3.42）中，插补坐标运算需要求解三角函数，计算量很大。实际上，一个 ms 级插

补周期对应的圆心角 θ 非常小，可以对 θ 做近似处理，如

$$\theta = 2\arcsin\frac{F_T}{2R} \approx \frac{F_T}{R} \tag{3.43}$$

由于采用弦线去逼近圆弧，存在一个弦高差 ε，将余弦函数按幂级数展开，代入式（3.43），则 ε 可表示为

$$\varepsilon = R\left(1-\cos\frac{\theta}{2}\right) \approx R\frac{\theta^2}{8} \approx \frac{F_T^2}{8R} \tag{3.44}$$

可见，进给速度越快，则造成的弦高差越大。为此，当加工的圆弧半径确定后，为了使插补逼近误差不致过大，需对进给速度进行限制。设系统允许的最大弦高差为 δ，则进给速度应该满足如下条件：

$$F \leqslant \frac{F_T}{T} = \frac{\sqrt{8R\delta}}{T} \tag{3.45}$$

3.4.3 螺旋线数据采样插补

螺旋线插补是两坐标轴联动圆弧插补与第三轴直线插补的合成插补方式。如图 3.25 所示，X 轴和 Y 轴在 XOY 平面上做圆弧插补，Z 轴垂直 XOY 平面做直线插补，从而使刀具沿螺旋线轨迹从起点 $A(X_A,Y_A,0)$ 运动到终点 $B(X_B,Y_B,Z_B)$。

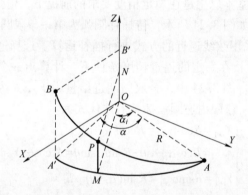

图 3.25 螺旋线数据采样插补原理

为简化螺旋线插补计算，利用两坐标轴联动圆弧插补计算程序，规定螺旋线插补时，指令速度是指圆弧平面中圆弧切线方向的速度。要使刀具从 A 点沿螺旋线轨迹移动到 B 点，则直线轴的进给速度与圆弧插补速度保持一定的比例关系，同时到达终点。

由图 3.25 可知，圆弧 $\overset{\frown}{AA'}$ 是螺旋线 AB 在 XOY 平面上的投影，圆弧半径为 R。可利用 3.4.2 节的圆弧数据采样插补方法对圆弧 $\overset{\frown}{AA'}$ 进行插补计算，求出 ΔX_i、ΔY_i。

设 P 点为螺旋线插补中某次插补后的瞬间点，P 点坐标为 (X_i,Y_i,Z_i)，其在 XOY 平面上的投影点为 $M(X_i,Y_i,0)$，在 Z 轴上的投影点为 $N(0,0,Z_i)$。OB' 为螺旋线 AB 终点 B 在 Z 轴的增量值（$OB'=Z_B$），ON 为本次插补后在 Z 轴的瞬时增量值（$ON=Z_i$），$\overset{\frown}{AM}$ 为 XOY 平面中本次插补后的瞬时弧长。

根据直线和圆弧插补进给速度的比例关系，有 $ON=OZ\dfrac{\overset{\frown}{AM}}{\overset{\frown}{AA'}}$。设 $\overset{\frown}{AM}$ 所对圆心角为 α_i，

$\overset{\frown}{AA'}$ 所对圆心角为 α，则 $Z_i=ON=\dfrac{\alpha}{\alpha_i}Z_B$。由此可求得直线轴的插补进给量 ΔZ_i，即 $\Delta Z_i=Z_i-$

Z_{i-1}。Z_{i-1} 为直线轴上次插补后瞬时坐标值。实际处理时，直线的增量值 Z_B 和圆弧平面编程轨迹的起点、终点均在程序段中给定。因而，可以在对程序预处理时，先将增量角 α、Z_B/α 计算好，放在固定单元中。插补运算在求出 ΔX_i、ΔY_i 的同时，只需要进行瞬时转角 α_i 和直线轴的插补进给量 ΔZ_i 的计算，这样可大大减少插补工作量，提高插补速度。

3.4.4 样条曲线数据采样插补

对于实际的复杂曲面零件，若采用小直线段或圆弧段逼近方式进行数控编程，程序代码往往非常冗长，不仅给数控系统的程序段预处理带来压力，也会严重影响加工速度和效率。目前，数值逼近理论领域发展出了多种先进的插值逼近手段，如样条逼近，将其引入数控系统中，可大大提高数控系统的插补算法性能。高档数控系统已发展和应用多种样条插补方法，如三次样条插补、NURBS（Non-Uniform Rational B-Spline Curve，非均匀有理 B 样条）插补、AKIMA 样条插补等。

样条曲线数据采样插补根据 CAD/CAM 给出的样条曲线几何信息，确定轨迹计算式中的有关系数；然后按照给定的进给速度、允许误差及加减速要求，在各插补周期中产生空间或平面的小直线段 ΔL_1、ΔL_2、$\cdots$、ΔL_n 去逼近被插补曲线，逐步求得各插补微小直线段端点 p_1、p_2、$\cdots$、p_n 的坐标值。由于这一插补过程的直接控制量为参变量，而最终的被控量是插补点的坐标位置，以及插补点沿插补轨迹移动的速度和加速度，因此这一过程必须通过轨迹空间（三维空间）到参变量空间（一维空间）的映射和参变量空间到轨迹空间的逆映射两个步骤才能实现。在每一插补周期中，首先根据进给速度、允许误差要求和加减速要求计算出轨迹空间中的插补直线段，然后将此直线段映射到参变量空间，得到与其相对应的参变量空间中的小直线段，即参变量的增量值。进一步，通过对参变量的积分或递推求出参变量空间中的当前点坐标。最后，求取与参变量空间中当前点相对应的轨迹空间中的映射点，得到插补轨迹上当前点的坐标值。

1. 三次样条曲线插补

已知 n 个点分别为 $P_1(X_1,Y_1)$、$P_2(X_2,Y_2)$、$\cdots$、$P_n(X_n,Y_n)$，且 $X_1<X_2<\cdots<X_n$。若函数 $S(X_i)$ 满足：$S(X)$ 曲线通过 P_1 至 P_n 所有点，即 $S(X_i)=Y_i$，其中 $i=1,2,\cdots,n$；$S(X)$ 在 $[X_1,X_n]$ 区间上有连续的一阶和二阶导数；在每一个子区间 $[X_i,X_{i+1}]$ 上都是三次多项式，即 $S_i(X)=A_i+B_i(X-X_i)+C_i(X-X_i)^2+D_i(X-X_i)^3$，其中，$i=1,2,\cdots,n-1$，则称 $S(X)$ 为 $[X_1,X_n]$ 区间上 X_i 为节点的三次样条函数。

引入弦长参数 l，令 $X=X(l),Y=Y(l)$，对应于 n 个点 (l_i,X_i)，有 n 个弦长参数 l_i，其中 $i=1,2,\cdots,n$。令 $l_1=0$，$l_2=\sqrt{(X_2-X_1)^2+(Y_2-Y_1)^2}$，$\cdots$，$l_n=\sqrt{(X_n-X_1)^2+(Y_n-Y_1)^2}$。选择严格单调的 $l_1,l_2,\cdots,l_n$，构成 $l_1<l_2<\cdots<l_n$ 序列。显然，以 (l_i,X_i) 构造的三次样条函数 $X(l)$ 严格经过 X_i 点，以 (l_i,Y_i) 构造的三次样条函数 $Y(l)$ 严格经过 Y_i 点。根据每一步插补的弦长增量 Δl，由参数三次样条函数计算出相应的坐标增量 ΔX 和 ΔY，即可完成高次曲线的插

补。下面可以证明,适当地选取弦长增量 Δl,不需要复杂的实时计算,即可使插补轨迹上轮廓步长保持恒定,同时达到很高的插补精度。

在区间 $[l_i, l_{i+1}]$ 上,以 (l_i, X_i)、(l_i, Y_i) 构造的三次样条函数表示为

$$\begin{cases} X_i(l) = A_i + B_i(l-l_i) + C_i(l-l_i)^2 + D_i(l-l_i)^3 \\ Y_i(l) = A_i' + B_i'(l-l_i) + C_i'(l-l_i)^2 + D_i'(l-l_i)^3 \end{cases} \tag{3.46}$$

若定义 $\Delta l_{i+1} = l_{i+1} - l_i$,$\Delta X_{i+1} = X_{i+1} - X_i$,则由三次样条函数一阶、二阶导数连续的条件可推导出

$$\Delta l_{i+1} X_i'' + 2(\Delta l_{i+2} + \Delta l_{i+1}) X_{i+1}'' + \Delta l_{i+2} X_{i+2}'' = 6\left(\frac{\Delta X_{i+2}}{\Delta l_{i+2}} - \frac{\Delta X_{i+1}}{\Delta l_{i+1}}\right) \tag{3.47}$$

由式(3.47)可以得到 $n-2$ 个线性方程,如果再补充两个端点条件,则可以由追赶法求解出三次样条函数的系数 A_i、B_i、C_i 和 D_i。一般给出的端点条件:自由端点条件,即 $x_1'' = x_n'' = 0$;端点导数条件,即已知 x_1' 和 x_n';周期条件,即 $x_1' = x_n'$,$x_1 = x_n$。根据不同的加工要求,可选择不同的端点条件,求得方程系数 A_i、B_i、C_i、D_i 以及 A_i'、B_i'、C_i'、D_i' 后,可根据弦长参数 l_i 所在区间段,求得插补点坐标 x_i、y_i。

弦进给代替弧进给是影响三次样条插补精度的主要因素。对于给定方程的高次曲线,可以首先求得最小的曲率半径,并根据最大允许轮廓误差 e_{rmax} 求得轮廓速度,再由 $f = vT$ 求得最大允许切削进给速度 v。

2. NURBS 曲线插补

一条 k 次 NURBS 曲线可表示为一分段有理多项式矢函数:

$$P(u) = \frac{\sum_{i=0}^{n} \omega_i d_i N_{i,k}(u)}{\sum_{i=0}^{n} \omega_i N_{i,k}(u)} \tag{3.48}$$

式中,u 为参变量;d_i 为控制点;ω_i 为权因子;ω_0、$\omega_n > 0$,其余 $\omega_i \geq 0$,且 n 个权因子不同时为 0,以防止分母为零;n 为插补点数;$N_{i,k}(u)$ 为 k 次 B 样条基函数,其递推公式定义为

$$\begin{cases} N_{i,0}(u) = \begin{cases} 1, u_i \leq u \leq u_{i+1} \\ 0, \text{其他} \end{cases} \\ N_{i,k}(u) = \frac{u-u_i}{u_{i+k}-u_i} N_{i,k-1}(u) + \frac{u_{i+k+1}-u}{u_{i+k+1}-u_{i+1}} N_{i+1,k-1}(u), k \geq 1 \end{cases} \tag{3.49}$$

式中,u_i 为节点,$i = 0, 1, \cdots, n+1$,其形成节点矢量 $\boldsymbol{U} = [u_0 \quad u_1 \quad \cdots \quad u_{n+1}]$。

在数控系统中,NURBS 曲线插补需要完成实时插补和运动学坐标变换两个过程。在实时插补过程中,由于刀尖点相对于工件的速度对加工质量的影响很大,故需保持刀尖速度的稳定和平滑。对曲线 $P(u)$ 进行插补,以实现恒定的刀尖点速度,即

$$v(t) = \frac{ds}{dt} = \frac{ds}{du}\frac{du}{dt} \Rightarrow \frac{du}{dt} = \frac{v(t)}{\sqrt{X_t^2 + Y_t^2 + Z_t^2}} \tag{3.50}$$

式中,$v(t)$ 为刀尖点速度;t 为时间参数;s 为弧长参数;X_t、Y_t、Z_t 分别为刀尖点坐标在 X、Y、Z 轴上的分量。

根据 $v(t)$ 的规律，可以求得插补所需要的 $u(t)$，但是直接求精确解很困难。可采用数值求解来近似得到在误差范围的 u 序列，采用一阶泰勒展开近似计算，即

$$u((k+1)t) = u(kT) + T\frac{\mathrm{d}u}{\mathrm{d}t}\bigg|_{t=kT} + \xi \tag{3.51}$$

式中，ξ 为高阶无穷小。

$u(t)$ 在每个插补周期节点上的参数值为 $u((k+1)t)$，得到插补后节点序列 $\boldsymbol{U}_T = \begin{bmatrix} u_{0T} & u_{1T} & u_{2T} & \cdots \end{bmatrix}$，进而得到插补密化刀尖点序列 $\boldsymbol{P}_T = \begin{bmatrix} P_{0T} & P_{1T} & P_{2T} & \cdots \end{bmatrix}$ 和刀轴矢量序列 $\boldsymbol{S}_T = \begin{bmatrix} S_{0T} & S_{1T} & S_{2T} & \cdots \end{bmatrix}$。在角度处理方面，由于 $\boldsymbol{P}_T$ 和 $\boldsymbol{S}_T$ 采用同样的参数描述，且都由 NURBS 曲线插补生成，能够保证二阶连续，从而实现各轴速度和加速度的平滑变化。利用插补获得的刀尖点序列 $\boldsymbol{P}_T$ 和刀轴矢量序列 $\boldsymbol{S}_T$，进一步计算出机床坐标系下的平动轴和转动轴坐标分量，完成运动学坐标转换。

数据采样插补的特点为：①实质上是一个速度分配过程，无论是直线插补，还是圆弧插补，都需要首先计算周期进给量，然后迭代计算；②最大进给速度的选择主要受加工精度和机床伺服性能的限制；③直线插补中，插补形成的每个微小线段与给定的直线重合，不会造成轨迹插补误差；④圆弧插补中，用一系列内接弦逼近圆弧，存在弦高差，即轨迹误差；⑤使用样条曲线插补，程序指令变少，无须向 NC 进行高速的程序传输，与直线插补相比速度变化平滑。

思考与练习题

1. 简述数控插补的基本概念。

2. 简述数控程序的基本执行流程。

3. 数控系统为什么要进行刀具补偿？刀具补偿功能主要包括哪些？

4. 设数控系统的插补周期 $T = 8\mathrm{ms}$，进给速度 $F = 300\mathrm{mm/min}$，计算周期进给量 F_T。

5. 加减速控制有何作用？有哪些实现方法？

6. 已知第一象限顺圆弧起点 $A(0,5)$ 和终点 $B(5,0)$，分别用逐点比较法、软件 DDA 插补法对该圆弧进行插补计算，并画出插补轨迹。

7. 简述数据采样插补法的基本原理和特点。

8. 对于圆弧数据采样插补，设待插补圆弧半径为 10mm，数控系统插补周期 $T = 8\mathrm{ms}$，弦高差为 $2\mu\mathrm{m}$，计算最大进给速度。

9. 以空间直线为例，采用公式推导的方式，说明每个插补周期各坐标轴位置进给增量的计算过程。

10. 简述样条曲线插补的基本原理。

第4章 位置检测装置

4.1 概述

位置检测装置是伺服驱动系统实现闭环伺服控制的关键装置。数控机床的闭环伺服控制轴，需要在反馈环节上安装位置检测装置，以实时检测获得实际位置信息。半闭环伺服控制系统中的位置检测装置（如光电编码器）大多安装于伺服电动机尾部，用于检测电动机的角位移和转速。全闭环伺服控制系统的位置检测装置（如光栅尺）需安装于进给轴上，用于检测刀具或工件的实际运动位置。全闭环伺服控制原理框图如图4.1所示。

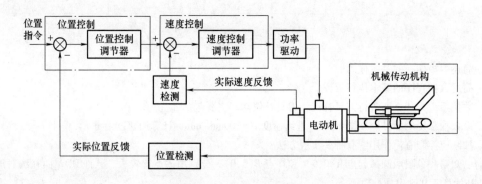

图 4.1 全闭环伺服控制原理框图

位置检测是数控机床位置控制的核心环节之一。数控机床对位置检测装置有以下几点要求：

1）满足测量精度、检测速度和测量范围的要求。

2）可靠性高，对温度、湿度敏感性低，抗电磁干扰性强。

3）易于实现自动化检测。

4）便于安装维护，适合机床工作环境，成本合理。

目前，数控机床中常见的位置检测装置有多种类型，按信号的读取方式可分为光电式和电磁式两类，按运动方式可分为直线型和回转型两类，见表4.1。相较于电磁式，光电式检测装置具有更高的精度与可靠性，被广泛应用于数控机床。

表 4.1　常见的位置检测装置类型

分　类	光　电　式		电　磁　式
	增量式	绝对式	
回转型	角度编码器	绝对式编码盘	旋转变压器
直线型	增量式光栅尺、激光尺	绝对式光栅尺	磁栅、感应同步器

4.2　光电式位置检测装置

光电式位置检测装置按照编码方式，可以分为增量式和绝对式两种类型。

1）增量式：测量位移的增量值。测量输出脉冲，实际位移值通过参考基准计算得出。这种方式的优点是装置简单、精度较高。但是，采用增量式位置检测装置时，机床各个坐标轴的位置记忆会在每次断电后自动遗失。因此，机床开机后，必须进行回零操作，让各坐标轴回到零点，在数控系统中建立机床坐标系。

2）绝对式：测量位移的绝对值。测量装置的输出能够代表移动件当前的实际坐标值，没有误差累积现象。只需在机床第一次开机调试时进行回零操作调整，此后每次开机均记录有零点位置信息，不必再进行回零操作。但是，这种方式结构复杂，价格高。

4.2.1　增量式位置检测

增量式位置检测装置主要包括线型编码器和角度编码器两种。

1）线型编码器（Linear Encoder）：也称为直线光栅尺、光栅尺位移传感器，是利用光栅的光学原理工作的测量反馈装置。由于直线光栅尺和机床轴的运动一致，因此不需要任何机械传动装置转换，直接将当前的位移信息传输给控制系统即可，从而避免了机械传动产生的误差。

2）角度编码器（Angle Encoder）：是一种在机床或设备上可以测量角度位移、旋转速度的传感器装置。当将其连接在滚珠丝杠上时，可以利用旋转角度和丝杠导程间接测量获得直线位移。

1. 直线光栅尺

直线光栅尺经常应用于数控机床的闭环伺服系统中，可用于直线位移检测，具有检测范围大、检测精度高、响应速度快的特点。

直线光栅尺由光源、光栅标尺、扫描光栅和光电接收器（硅光电池）组成。在光栅标尺和扫描光栅上都具有间距相等的许多刻线，称为光栅条纹，光栅条纹的密度通常为 25 线/mm、50 线/mm、100 线/mm、250 线/mm。对于透射光栅，这些刻线不透光；对于反射光栅，这些刻线不反光。光线由两刻线之间的窄面透射或反射回来，如图 4.2 所示。将扫描光栅平行放置在光栅标尺一侧，并保持一定的间隙，使两块光栅的刻线相对倾斜一个很小角度，光源光线从光栅标尺另一侧透过时，两块光栅之间的条纹相交，扫描光栅上出现一条条黑色条纹，称为"莫尔条纹"，它们沿着与光栅条纹几乎成垂直的方向排列。严格地说，是与两片光栅条纹夹角的平分线相垂直（见图 4.3）。

光栅莫尔条纹的特点如下：

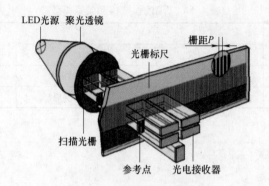

图 4.2 光栅尺工作原理图

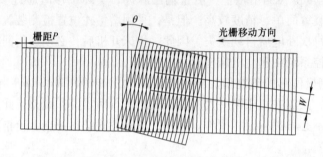

图 4.3 莫尔条纹示意图

1）具有放大作用。用 W 表示条纹宽度，P 表示栅距，θ 表示光栅条纹间的夹角，由于 θ 角很小，条纹宽度可以近似表示成

$$W = \frac{P\cos(\theta/2)}{\sin\theta} \approx \frac{P}{\theta} \tag{4.1}$$

若 $P = 0.01\text{mm}$，把莫尔条纹的宽度调成 10mm，则放大倍数相当于 1000 倍，即利用光的干涉现象把光栅条纹间距放大为 1000 倍，因而大大减轻了电子线路的负担。

2）具有平均误差作用。莫尔条纹由若干根条纹组成。例如，对于 100 线/mm 的光栅，10mm 长的一根莫尔条纹就会由 1000 条条纹组成。这样，栅距之间的固有相邻误差就被平均化了。

3）莫尔条纹的光强移动变化近似于正弦波形，莫尔条纹的移动与栅距的移动正相关。当光栅移动一个栅距时，莫尔条纹也相应地移动一条（W）；若移动方向相反，则条纹移动方向也相反。

光栅有玻璃透射光栅和金属反射光栅。玻璃透射光栅是在光学玻璃的表面涂上一层感光材料或金属镀膜，用光刻工艺制作光栅条纹，分辨率高（典型栅距为 250 线/mm），但玻璃膨胀系数与机床不一致且玻璃易碎，适用于短距离测量。金属反射光栅是采用照相腐蚀或直接刻画工艺制作光栅条纹的，由于膨胀系数与机床一致，适用于长距离测量，但分辨率较低（典型栅距为 50 线/mm）。

2. 角度编码器

角度编码器又称为回转型光栅尺，是将测量的角位移以编码形式输出的位置检测装置。它通常安装在数控机床转轴上，随转轴一起转动，通过脉冲计数来计算转角值，以测出轴的旋转角度和速度变化。回转型光栅尺的结构原理如图 4.4 所示，它由光源、聚光透镜、光电码盘、扫描板、光电接收器及后续信号处理电路等组成。其中，光电码盘（也称光栅盘，简称码盘）是在一块玻璃圆盘上镀上一层不透光的金属薄膜，然后在上面刻制出沿圆周等距的透光条纹，且相邻条纹构成一个节距，以产生位置信号。

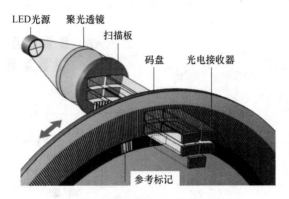

图 4.4　回转型光栅尺的结构原理图

3. 增量式位置检测系统的回零方式

回零操作是数控机床的重要操作环节之一。对于增量式位置检测系统，回零方式主要有挡块式回零与距离编码回零两种。

（1）挡块式回零　挡块式回零原理如图 4.5 所示。在回零工作方式下，机床以快移速度（V_1）向机床零点方向移动，当减速挡块压下减速开关时，减速信号由 1 变到 0，系统开始减速，以低速（V_2）向零点方向移动。当减速开关离开挡块时，减速信号由 0 再变到 1，系统开始寻找栅格信号，找到栅格信号则机床停止运动，以此位置作为机床零点。

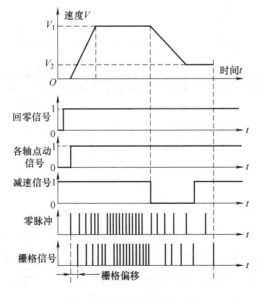

图 4.5　挡块式回零原理图

零脉冲是编码器产生的信号，编码器除产生反馈位移脉冲信号外，还每转产生一个基准

信号，即零脉冲信号，如图 4.6 所示。需要注意的是，栅格信号并不是编码器直接发出的信号，而是数控系统在零脉冲信号和软件共同作用下产生的信号。使用栅格信号的目的是可以通过调整栅格偏移量，在一定范围内灵活调整机床零点位置。机床使用过程中，只要不改变脉冲编码器与丝杠间的相对位置或不移动参考点挡块调定的位置，栅格信号就会以很高的重复精度出现。

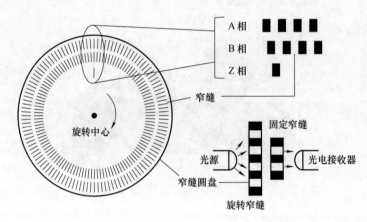

图 4.6 零脉冲信号

（2）距离编码回零 采用距离编码回零需具备两个条件：带距离编码参考点标志的位置检测装置和支持距离码回零方式的数控系统。这种回零方式主要利用两组栅格标志的距离关系：一组标准线性栅格标志和与此平行运行的另一组带距离编码参考点标志。每组两个相邻参考点标志的距离相同，但两组之间两个参考点标志的距离按规律变化。数控轴可以根据距离来确定其所处的绝对位置。图 4.7 所示为带距离编码参考点标志的光栅尺，如 HEIDEN-HAIN LS48C6 光栅尺。

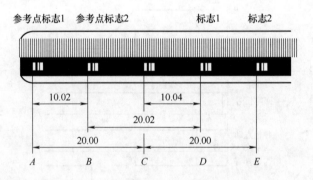

图 4.7 带距离编码参考点标志的光栅尺

例如从 A 点移动到 C 点，中间经过 B 点，系统检测到 A 点与 B 点之间的 10.02 即可知运动轴现在所处的参考点位置；同理从 B 点移动到 D 点，中间经过 C 点，系统检测到 C 点与 D 点之间的距离 10.04 即可知运动轴所处的参考点位置。因此，只要运动轴任意移动超过两个参考点距离（20.00，即对应 20mm）就可知道机床零点位置。

以在 FANUC 0ic 数控系统中的应用为例，如图 4.8 所示，具体参数设置如下：

① 1815#1 OPT＝1 1815#2 DCL＝1 //选择带距离编码参考点标志的直线光栅尺；

② 1802#1　DC4 = 0；
③ 1821　//相邻两个标志 1 之间的距离；
④ 1882　//相邻两个标志 2 之间的距离；
⑤ 1883　//光栅尺原点与参考点之间距离。

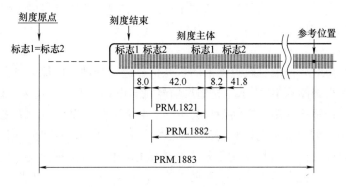

图 4.8　FANUC 0ic 数控系统距离编码回零参数说明图

采用距离编码方式断电后执行回零操作，运动轴走停 3 次，根据光栅尺反馈数据即可自动计算出运动轴位置的绝对坐标和机床坐标，无须等待回零操作执行结束即可建立参考点。距离编码回零不同于挡块式回零，无须设置回零挡块并返回坐标零点，可就近回零，适合长行程数控机床。

4. 增量式位置信号处理方法

增量位置检测装置输出的波形一般有两种：一种是有陡直上升沿和陡直下降沿的方波信号，即数字脉冲信号，典型的 TTL（晶体管-晶体管逻辑）信号如图 4.9a 所示；另一种是缓慢上升与下降，波形类似正弦曲线的 sin/cos 曲线波形信号输出，典型的 1Vpp 信号如图 4.9b 所示。

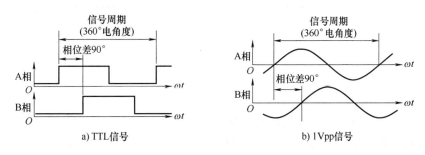

图 4.9　输出信号的类型

数字脉冲信号利用脉冲传输位移的相对变化量，信号接口和处理过程简单，传输速度快，抗干扰性好，成本低，在位置检测中被广泛采用。由于机床的位移是双向，数字脉冲信号的传输形式通常为"A、B 相正交脉冲"方式，根据 A 相和 B 相信号的相位判断运动方向，根据信号的跳变判断位移变化，A、B 相正交脉冲信号波形如图 4.9a 所示。对于 A、B 相脉冲信号，如果仅一路信号受到干扰，则产生的干扰位移可正反向抵消，因此数字脉冲信号具有良好的抗干扰性。

虽然数字脉冲信号具有众多优点，但是由于细分次数有限，因此检测分辨率受到限制。实际上，大多数位置检测元件将位移信号转换为电信号时，其强度（电压、电流）随位移呈现周期性近似正弦的变化规律。这类信号经过整形处理，转化为数字脉冲信号才能实现位置计数。随着现代模/数（A/D）转换技术的发展，A/D 转换的速度大大提高，多路同步转换时间抖动减小，实现了模拟信号的高速同步处理，实现了位置信号的高倍细分，大大提高位置反馈的分辨率和精度。1Vpp 信号采用两路相位差为 90° 的 A、B 相正弦信号，波形如图 4.9b 所示。

位置检测装置需对光栅信号轨道输出的正弦信号进行处理，以保证可靠的位置计数。位置检测信号处理流程如图 4.10 所示。光栅尺信号轨道设计中有 a、b、c、d 4 块光电接收器接收莫尔条纹信号，每相邻两块之间距离为 $W/4$，4 块光电接收器的距离之和正好等于莫尔条纹间距 W。同一时刻每块光电接收器感光强度不同，当莫尔条纹移动时，由于在 W 内通过光线强度呈正弦波变化，因此每块光电接收器产生的电压也是正弦波，由于它们之间距离为 $W/4$，因此相邻两块光电接收器产生正弦波电信号相位相差 90°。4 路正弦信号并不对称于零点，光电接收器按差分方式相接，可以产生两路相位相差 90° 的对称于零点的输出信号。首先，4 路相位差互为 90° 的正弦信号按差分方式相接，以产生两路相位差为 90° 的对称于零点的输出信号；其次，两路光电信号经差动放大器放大后进入整形电路，将正弦波形信号调制成 TTL 波形信号 PHA 和 PHB；最后，对相位差为 90°、具有先后时序的 PHA 和 PHB 信号进行辨向和细分，以进行位置计数。

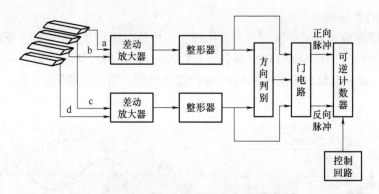

图 4.10 位置检测信号处理流程

通常采用 D 触发器产生一定延时的相移信号，再通过逻辑运算来实现 PHA、PHB 相脉冲信号的倍频，提取信号的跳变边沿。PHA、PHB 两路信号进入 D 触发器产生 PHA0、PHB0，再分别通过 D 触发器产生脉冲信号 PHA1、PHB1，PHA0 与 PHA1、PHB0 与 PHB1 分别进行异或运算，最终通过或门输出 4 倍频脉冲。图 4.11 是信号辨向细分电路和信号时序图。这样，在一个周期中可输出 4 个脉冲，称为 4 倍频。除 4 倍频外，还有 10 倍频、20 倍频线路。经倍频处理后，测量分辨率和测量精度将显著提高。

经辨向细分后的脉冲可以通过以下硬件、软件方式实现位置计数。以 4 位加/减计数器 74LS169 为例，引脚图如图 4.12 所示。当置入控制端（$\overline{\text{LOAD}}$）为低电平时，在时钟（CLK）上升沿作用下，数据输出端 dout（QA～QD）与数据输入端 din（A～D）相一致。74LS169 的计数是同步的，靠 CLK 同时加在 4 个触发器上而实现。当两个计数控制端（$\overline{\text{ENP}}$ 和 $\overline{\text{ENT}}$）

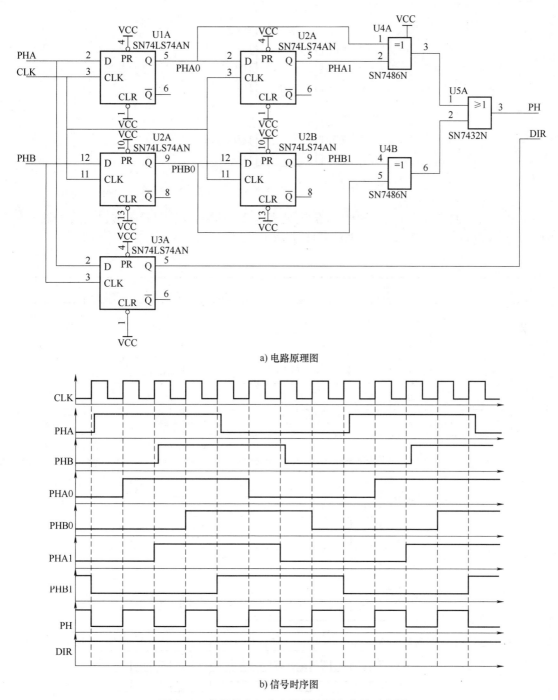

a) 电路原理图

b) 信号时序图

图 4.11　信号辨向细分电路原理图与信号时序图

均为低电平时，在 CLK 上升沿作用下 QA~QD 同时变化，从而消除了异步计数器中出现的计数尖峰。当计数方式控制（U/$\overline{\text{D}}$）为高电平时加计数，当计数方式控制（U/$\overline{\text{D}}$）为低电平时进行减计数。74LS169 有超前进位功能。当计数溢出时，进位端（$\overline{\text{RCO}}$）输出一个低电平。

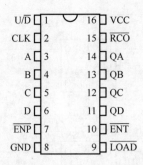

图 4.12 74LS169 芯片引脚

4 位二进制同步计数器 74LS169 真值表见表 4.2。其中，LD 为置数端，当其为低电平时，输出置成 d0~d3。图 4.13 为典型脉冲计数时序图。

表 4.2 真值表

输 入									输 出			
LD	$\overline{ENP}$	$\overline{ENT}$	U/$\overline{D}$	CLK	A	B	C	D	QA	QB	QC	QD
0	×	×	×	1	d0	d1	d2	d3	d0	d1	d2	d3
1	0	0	1	1	×	×	×	×	加计数			
1	0	0	0	1	×	×	×	×	减计数			
1	1	×	×	×	×	×	×	×	保持			
1	×	1	×	×	×	×	×	×	保持			

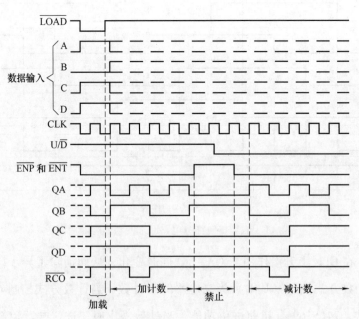

图 4.13 74LS169 脉冲计数时序图

脉冲计数还可以通过以下器件实现：①专用计数电路，如 HCTL2000 系列芯片，片内带有数字滤波、4 倍频、16 位 $U/\overline{D}$ 计数电路、三态输出等功能；②专用轴控制芯片，如 MCX312/314 系列，片内不但具有脉冲计数功能，还具有常用的插补功能和开关量（限位）控制等功能；③PLD 器件，通过编程得到计数逻辑。

4.2.2　绝对式位置检测

绝对式位置检测可以直接读取当前的绝对位置信息，其装置结构与增量式位置检测装置相似，但光电编码道不同。在码道的每一位置刻有表示该位置的唯一代码，称为绝对码道。绝对式编码器是通过码盘上的代码（图案）来表示当前检测的位置。

1. 绝对式光栅尺

绝对式光栅尺的测量原理是在光栅尺上刻划多条带有绝对位置编码的码道，读数头通过读取当前位置的编码可以得到绝对位置。目前，绝对式光栅尺测量技术主要有多码道绝对位置编码测量和单码道绝对位置编码测量。

（1）多码道绝对位置编码测量　常见的编码序列式光栅尺多采用多码道编码。图 4.14 为多码道绝对式光栅尺原理图，主尺光栅上刻有一系列代表不同位置信息的码道，平行光束透射过这些码道时，竖直方向就有多个码道对应的一组明暗信号，光电接收器接收到这组信号后，调制成一组二进制码，再由后续软件对该二进制码进行解码，便可以得到该位置的绝对位置信息。

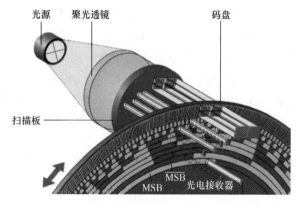

图 4.14　多码道绝对式光栅尺原理图

（2）单码道绝对位置编码测量　随着绝对式光栅尺测量技术的发展，单码道绝对位置编码技术被引入光栅尺中。图 4.15 所示为单码道绝对式光栅尺的测量原理图，其包含两个码道：绝对码道和增量码道。绝对码道由固定长度的透光或不透光的刻线在测量方向上排列组成，在测量长度上不具备周期性，固定数量的刻线构成一个代表绝对位置的编码。绝对码道对应的光电接收器件为图像传感器，其作用是对绝对码道进行“拍照”。增量码道由周期性的刻线组成，间距通常为 $20\mu m$，使用莫尔条纹计量方法。增量码道对应的光电接收器件为光电池阵列，阵列中的光电池数目为 4 的整数倍，每个光电池上对应有不同相位的指示光栅。

图 4.15 所示的绝对式光栅尺在上电时，绝对码道对应的图像传感器对当前的编码图形进行“拍照”，同时光电池阵列采集增量码道的莫尔条纹信号。后续电路通过对编码图形信

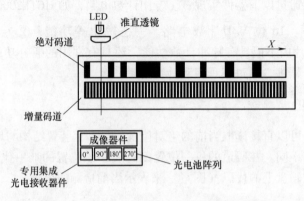

图 4.15　单码道绝对式光栅尺测量原理图

号进行识别、译码和细分，得到绝对位置读数，该读数的分辨率必须高于增量码道的周期。同时，后续电路对增量莫尔条纹信号进行细分，得到高分辨率的增量位置信息。两个读数经后续计算，即可得到高分辨率的位置信息。

2. 绝对式编码器

绝对式编码器通过码盘上的图案来表示轴的位置。绝对式编码器利用光电转换原理直接测量出运动部件转角的绝对值，并以编码的形式表示出来，即每一个角度位置均由唯一对应的代码输出。码盘的编码类型有二进制码、二进制循环码（格雷码）、伪随机码等多种。码盘的读取方式有接触式、光电式和电磁式等几种，最常应用的是光电式二进制循环码编码器。

图 4.16a 所示为二进制码盘。光电码盘上沿径向有若干同心码道，每条码道由透光和不透光的扇形区相间组成，码道数就是二进制数码的位数。图中空白的部分透光，表示"0"，黑色部分不透光，表示"1"。同一扇形区域，里侧是二进制的高位，外侧是二进制的低位。在光电码盘的一侧是光源，另一侧对应每一码道有一光敏器件。当码盘处于不同位置时，对应透光区的光敏器件输出电信号"1"，反之输出电信号"0"，各电信号组合形成二进制数码。纯二进制编码方式的主要缺点是图案变化无规律，在使用中多位同时变化，易产生较多的误读。改进后的结构如图 4.16b 所示，为格雷码盘。格雷码的特点是相邻数码之间仅改变一位二进制数，这样，即使制作和安装不十分准确，产生的误差最多也只是最低位的一位数，所以能把误读控制在一个数单位之内，提高了可靠性。

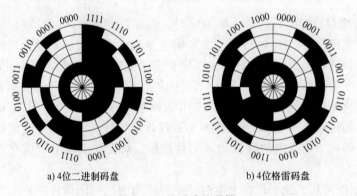

a) 4位二进制码盘　　　　　　　　　b) 4位格雷码盘

图 4.16　绝对式编码器

　　绝对式编码器的分辨率与编码的位数有关，码道越多，编码位数越多，其分辨率越高。若是 n 位二进制码盘，设计有 n 圈码道，其圆周均分为 2^n 等份，即共有 2^n 个数来表示码盘的不同位置，则角度分辨率为

$$\alpha = \frac{360°}{2^n} \tag{4.2}$$

　　显然，位数 n 越大，所能分辨的角度越小，测量精度就越大。目前，绝对式编码器可以做到 21 条码道以上，能分辨的最小角度为 0.00017°，甚至更小。

　　相对于增量式编码器，绝对式编码器具有诸多优点：角度坐标值可以从码盘上直接读出，没有累积的误计数，消除了累积误差；允许的最高转速比增量式编码器高；本身具有机械式存储功能，即便停电或其他原因造成坐标值清除，通电后仍可找到原绝对坐标位置。普通二进制码编码器都需要多码道，在码盘尺寸足够大的情况下，虽然可以通过增加码道的数量使精度和分辨率达到很高水平，但码盘尺寸过大又限制了编码器的使用范围。可见，码盘尺寸和分辨率对于多道绝对式编码器来说是一对不可调和的矛盾。随着检测技术的不断发展，出现了许多新的编码方式，比如伪随机编码、矩阵式编码等，这些新的编码方式使编码器的结构得到简化，同时提高了编码器的分辨率。

3. 绝对式位置反馈信号处理

　　绝对式位置检测装置直接输出绝对位置，传输速度快，但信号接口和传输线路（传输协议）复杂。早期的绝对式位置检测装置主要采用数字量并行信号传输方式，每一位由一根信号线传输（差分则需要两根）。当位置范围较大时，信号线和接口数量过多，严重影响信号传输可靠性。随着现代电子和通信技术的发展，绝对式位置检测装置开始采用串行通信传输方式，不仅大大简化传输线路和接口，降低成本，而且通过特定的传输协议和校验手段，保证了系统可靠性。在现代数控机床中，串行通信传输的绝对式位置检测装置的应用日趋广泛。常见的串行通信传输方式有 EnDat 串行数字通信、BiSS 串行数字通信。

　　（1）EnDat 串行数字通信　EnDat 串行数字通信是德国海德汉公司提出的一种适用于光栅、编码器的双向数字通信方式，主要用于绝对位置的传输，还可传输或更新保存在位置检测装置中的信息。EnDat 接口电路采用差分式传输，其电气标准与 RS485 兼容。

　　EnDat 采用特有的同步串行通信协议，通信传输过程如图 4.17 所示。传输周期从时钟（CLOCK）的第一个下降沿开始，两个时钟脉冲后，控制系统在时钟的下降沿将数据（DATA）上的传输模式指令传送到位置检测装置。位置检测装置收到传输模式指令并完成位置检测后，在数据（DATA）上产生一个起始信号（即图 4.17 中的 S 信号），开始向后续电子设备传输数据，数据（DATA）依次为错误标志（F1 和 F2）、位置值（从最低有效位（LSB）到最高有效位（MSB））和校验码（CRC）。如果需要传输附加信息，则在位置校验码之后再传输附加信息和附加信息校验码。

　　每次更换传输线硬件设备后，必须重新确定传输时间参数，确定方法如图 4.18 所示。后续电子设备向编码器发送模式指令，编码器传输不带附加信息的位置值。编码器转为数据传输状态后（也就是共 10 个时钟周期后），后续电子设备中的计数器开始数每一个时钟上升沿。后续电子设备测量最后一个时钟脉冲上升沿与起始信号边沿之间的时间差 t_D，将其作为传输时间。为消除传输时间计算过程中的不稳定因素，保证测量值的一致性，应至少需要执行这个测量过程 3 次，并用较低时钟频率测量信号传输时钟频率（100~200kHz）。为达到足够高的精度，必须用内部频率对测量值采样，内部频率至少是数据传输时钟频率的 8 倍。

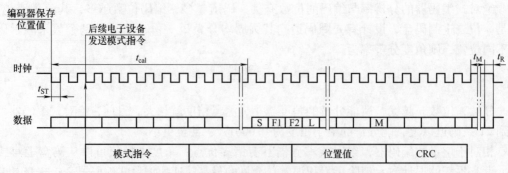

S=起始，F1=错误标志1，F2=错误标志2，L=LSB，M=MSB
图中未显示传输延迟补偿

a) 不带附加信息的位置值

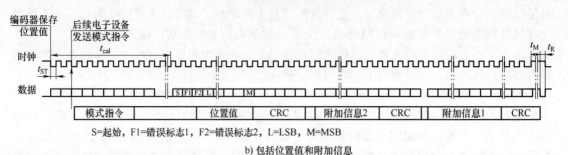

S=起始，F1=错误标志1，F2=错误标志2，L=LSB，M=MSB

b) 包括位置值和附加信息

图 4.17 位置值传输过程

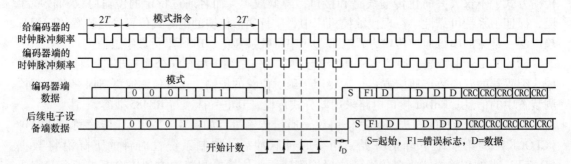

S=起始，F1=错误标志，D=数据

图 4.18 数据传输时间的确定方法

EnDat 传输的信息类型有 3 种：位置值，附加信息、其他参数，具体发送的信息类型由模式指令选择。EnDat2.2 模式指令内容见表 4.3，每个模式指令包括 3 个 Bit。为提高可靠性，3 个 Bit 均采用冗余发送（反相或重复），如果位置检测装置检测到错误的发送模式，则将发送一个出错信息。

表 4.3　EnDat2.2 模式指令内容

编号	模式 指令	模 式 Bit					
		M2	M1	M0	（M2）	（M1）	（M0）
1	编码器传输位置值	0	0	0	1	1	1
2	选择储存区	0	0	1	1	1	0

（续）

编号	模式指令	模 式　Bit					
		M2	M1	M0	(M2)	(M1)	(M0)
3	编码器接收参数	0	1	1	1	0	0
4	编码器传输参数	1	0	0	0	1	1
5	编码器接收复位指令①	1	0	1	0	1	0
6	编码器传输测试值	0	1	0	1	0	1
7	编码器接收测试指令	1	1	0	0	0	1
8	编码器传输位置值及附加信息	1	1	1	0	0	0
9	编码器传输位置值并接收储存区选择②	0	0	1	0	0	1
10	编码器传输位置值并接收参数②	0	1	1	0	1	1
11	编码器传输位置值并发送参数②	1	0	0	0	1	1
12	编码器传输位置值并接收出错复位指令②	1	0	1	1	0	1
13	编码器传输位置值并接收测试指令②	1	1	0	1	1	0
14	编码器接收通信指令③	0	1	0	0	1	0

① 作用相当于电源开关关闭后再打开。
② 传输所选的附加信息。
③ 预留给不支持安全系统的编码器。

（2）BiSS 串行数字通信　BiSS 串行数字通信是由德国 iC-Haus 公司提出的一种编码器全数字通信方式，并得到了多家编码器厂商支持。它的时钟和数据采用差分式结构，抗干扰能力强，并且时钟频率可达 10MHz。

BiSS 串行数字通信协议允许"传感器模式"和"寄存器模式"两种通信模式。在传感器模式下，不需要地址就可以快速读取传感器数据。在寄存器模式下，每个编码器需要设定一个地址，读写编码器必须提供地址。基于此目的，BiSS 总线协议中包含 10 位地址序列，其中 3 位用于指定编码器地址，7 位用于指定编码器内部寄存器地址。为了增加传输可靠性，协议包含 4 位 CRC 码。7 位寄存器地址允许每个从机寻址 128 个 8 位寄存器。如果这些地址仍然不够，可以给从机额外分配包含 128 个 8 位寄存器的寄存器块，每个额外寄存器块占用 1 个编码器地址。若要从寄存器中读出数据，主机还需在地址序列后提供相应的时钟序列。在向寄存器写数据的过程中，主机以 PWM 编码形式传输地址数据。

在发出第一个下降沿后，控制器（主机）必须在时间间隔"timeout SENS"内产生一个上升沿，用来告知编码器进行数据读出。编码器（从机）立即存储测量数据，或开始转换获得的测量值。到第二个上升沿时，编码器应在输出口产生一个低电平，告知主机通信初始化完成，如图 4.19 所示。通信初始化后，从机传感器以主机的输出信号作为数据输出的时钟信号，数据在时钟上升沿有效。从机输出"1"为开始标志，然后输出数据，最后以"0"结束传输，此过程连续不中断。从机可以根据数据采集和转化需要，延迟输出开始标志"1"的时间。

当主机在一个通信周期内的第一个低电平保持时间超过"timeout SENS"时间时，系统采用寄存器传输模式。"timeout SENS"时间结束后，从机输出端会以下降沿响应主机的下

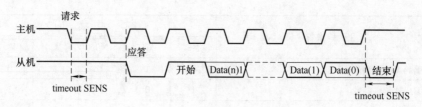

图 4.19 传感器通信模式时序图

降沿，以告知主机数据传输可以开始。此数据传输采用 PMW 编码，允许主机输出线上传输简单的时钟信号和数据。

如图 4.20 所示，首先主机发出器件和寄存器地址，然后发出读取从机数据的时钟。地址传输由几部分组成：1 位起始位 START，紧接 3 位从机 ID，7 位寄存器地址 ARD，1 位读/写开关 WNR，4 位检验位 CRC 和 1 位结束位 STOP。

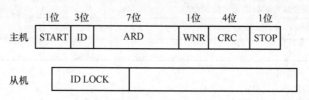

图 4.20 寄存器模式地址操作原理图

如果传输地址序列中的 WNR 位为"0"，则主机读取地址序列之后的一个或多个寄存器，此时从机会输出一低电平表示确认传输。如果从机与主机 ID 对应，则对应从机会产生一个开始位"1"。如果从机需要更多的准备时间，可以通过延迟起始位来达到此目的。此时，主机继续发送起始信号，直到从机响应为止。

如果读/写开关 WNR 位为"1"，那么在地址序列后主机会发出 8 位数据和 4 位 CRC 码。由"1"作起始位，"0"作结束位，以 PWM 编码形式给出从机地址。从机以非编码形式返回缩写数据，从而能够按位监测错误事件。在读出寄存器中的数据之前，从机同样可以要求准备时间。在这种情况下，从机可以延时响应请求的开始位。在这一时间内，主机不能向从机传输任何数据。因此，必须重复传输当前值，直到从机响应。

4.3 其他位置检测装置

4.3.1 磁栅

磁栅又称为磁尺，是用磁性标尺代替光栅，用电磁方法记磁波数目的一种测量装置。按磁性标尺基体的形状，磁栅可分为平面实体型磁栅、带状磁栅、线状磁栅和圆形磁栅。前三种用于直线位移测量，最后一种用于角位移测量。磁栅它由磁性标尺、磁头和检测电路等组成，原理如图 4.21 所示。

磁性标尺常采用不导磁材料做基体，涂敷或镀上一层 $10 \sim 30 \mu m$ 厚高导磁材料，形成均匀磁膜；再用录磁磁头在尺上记录相等节距的周期性磁化信号，作为测量基准，信号可为正

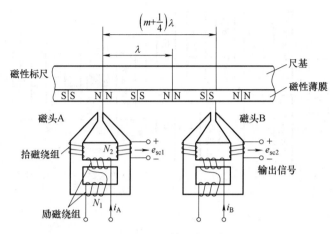

图 4.21　磁栅原理图

弦波、方波等，节距通常为 $0.05\mu m$、$0.1\mu m$、$0.2\mu m$、$1\mu m$ 等几种；最后在尺表面涂上一层 $1 \sim 2\mu m$ 厚防护层，以防磁头与磁性标尺频繁接触而形成磁膜磨损。

拾磁磁头是一种磁电转换器，将磁性标尺上的磁化信号检测出来变成电信号送给检测电路。其原理与普通录音磁带相似，但录音磁带的磁头为动态磁头，只有当磁头和磁带有一定相对速度时才能读取磁化信号。由于位置检测要求磁性标尺当其与磁头相对运动速度很低或处于静止时亦能测量位移或位置，因此采用静态磁头。静态磁头又称为磁通响应型磁头，是在普通动态磁头的铁心中加入带两组串联的励磁线圈的饱和铁心，在励磁线圈中通以高频励磁电流。

$$i_A = i_B = I_m \sin \frac{1}{2}\omega t \tag{4.3}$$

式中，I_m 为励磁电流幅值；ω 为励磁电流频率。

两组励磁绕组产生方向相反的磁通，与磁性标尺作用于磁头的磁通叠加在拾磁绕组上就感应出频率为励磁电流频率两倍的调制信号输出，其输出电动势为

$$e_{sc} = E_m \sin \frac{2\pi x}{\lambda} \sin \omega t \tag{4.4}$$

式中，E_m 为感应电动势峰值；λ 为磁性标尺节距；x 为磁头对磁性标尺的位移量。

为了辨别磁栅的移动方向，通常采用间距为 $(m+1/4)\lambda$ 的两组磁头（m 为正整数），两组磁头输出电动势信号分别为

$$\begin{cases} e_{sc1} = E_m \sin \dfrac{2\pi x}{\lambda} \cos \omega t \\[3mm] e_{sc2} = E_m \cos \dfrac{2\pi x}{\lambda} \sin \omega t \end{cases} \tag{4.5}$$

将两路输出相加，得到总输出

$$E_{sc} = E_m \sin \left(\omega t + \frac{2\pi x}{\lambda} \right) \tag{4.6}$$

鉴相型磁栅传感器的原理框图如图 4.22 所示。

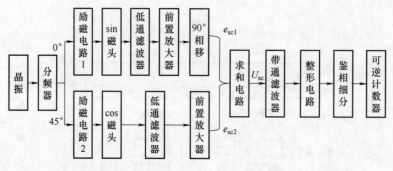

图4.22　鉴相型磁栅传感器的原理框图

4.3.2　激光尺

激光尺位置反馈就是以高精度激光测距仪代替常规的光栅尺作为机床位置反馈元件，来实现机床的高精度。随着对超精密和大型机床精度要求的提高，激光尺以常规位置反馈元件不可比拟的高精度、高分辨率、使用方便性等特性，在机床行业越来越受到重视，并逐步为一些机床厂商所采用。

激光尺应用激光原理、多普勒效应及光外差原理，与多普勒雷达原理相似。如图4.23所示，当运动物体（反射镜）发生相对运动时，反射回的激光束频率因多普勒现象的存在而发生变化。

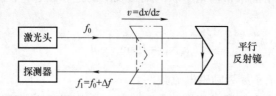

图4.23　激光多普勒频差效应

由于平行反射镜以速度 $v=\mathrm{d}x/\mathrm{d}t$ 运动，探测器相对于光源的速度为 $2v$。又由于光速与波长、频率的关系为 $c=\lambda_0 f_0$，因此激光束经由反射镜反射而造成多普勒频率偏移 Δf，可表示为

$$\Delta f = f_0 - f_r = \frac{2v}{c}f_0 = \frac{2v}{\lambda_0} = \frac{2}{\lambda_0}\frac{\mathrm{d}x}{\mathrm{d}t} \tag{4.7}$$

又因相位 $\theta=2\pi f$，即 $\Delta\theta=2\pi\Delta f$，代入可得

$$x = \frac{\lambda_0}{2}\int_0^t \Delta f \mathrm{d}t = \frac{\lambda_0}{2}\int_0^t \frac{\Delta\theta}{2\pi}\mathrm{d}t \tag{4.8}$$

式中，Δf 和 $\Delta\theta$ 分别为频率和相位偏移；v 和 x 分别为反射镜的速度和位移。激光尺中采用了一个鉴相器，每当相位 θ 积满 2π，鉴相器便输出一个脉冲，这样，式（4.8）可写成

$$x = \frac{\lambda_0}{2}\left(N+\frac{\phi}{2\pi}\right) = \frac{c}{2f_0}\left(N+\frac{\phi}{2\pi}\right) \tag{4.9}$$

式中，N 为积分满周期（即 2π）的周数；$\phi/(2\pi)$ 是积分未满一周期的余量。

　　激光尺采用国际上通用的 He-Ne 激光为计量反馈的基准，同时独特的产品结构决定了它在实际应用中有许多传统产品无可比拟的优点：

　　1）高精度（$1\mu m/m$），高分辨力（亚纳米级）。

　　2）运行过程中相互不接触，不会产生磨损。

　　3）安装时可以尽可能与运动方向一致，最大可能消除因激光尺安装位置和被测设备的运动轴不在同一直线上所产生的阿贝误差。

　　4）只需加工激光头和反光镜的安装位置而无须加工整个尺所在的面，节省了加工费用。

　　5）两点对光，安装方便，与常规反馈元件相比节省80%以上的时间。

　　6）闭环控制可以获得更高的增益。

　　7）速度快（最高可达4m/s），测量距离远（最远可达100m）。

　　8）在可测量范围内，成本与测量距离无关。

思考与练习题

　　1. 简述位置检测装置在数控机床位置控制中的作用。

　　2. 位置检测装置有哪些种类？

　　3. 什么是绝对式位置检测装置和增量式位置检测装置？

　　4. 增量式位置检测装置输出的波形有哪两种？各有什么特点？

　　5. 试说明莫尔条纹的放大作用。设光栅栅距为 0.02mm，两光栅尺夹角为 0.057°，莫尔条纹宽度为多少？

　　6. 分别简述挡块式回零和距离编码回零的基本原理。

　　7. 简述数控系统对相位差为90°、具有先后时序的 PHA 和 PHB 信号如何进行辨向和细分。试画出波形图。

　　8. 设一绝对编码盘有8个码道，求其能分辨的最小角度是多少？普通二进制码 10110101 对应的角度是多少？若要检测出 0.005°的角位移，应选用多少条码道的编码盘？

　　9. 简述激光尺作为位置检测装置的优缺点。

　　10. 数控机床上电后，有的机床需要执行回零操作，而有的机床不需要执行回零操作，试简述原因。

第5章 伺服驱动系统

5.1 概述

"伺服"（Servo）意思为快速而准确地响应指令命令。人们想把"伺服机构"当成得心应手的驯服工具，在控制信号来到之前，转子静止不动；控制信号来到之后，转子立即转动；当控制信号消失时，转子能即时自行停转。由于它的"伺服"性能，这种电动机被命名为伺服电动机。

伺服驱动系统是根据数控指令实现刀具与工件间相对运动的执行机构，是数控机床的重要组成部分，其性能在很大程度上决定了数控机床的性能，对数控机床的最高移动速度、跟踪精度、定位精度等关键性能指标具有重要影响，进而对工件加工表面质量、生产率及工作可靠性产生影响。目前，可实现伺服驱动的执行装置主要包括步进电动机、直流伺服电动机、交流伺服电动机、直线电动机等。

数控机床对伺服驱动系统的基本要求包括：

1. 精度要求高

伺服系统的精度是指指令脉冲要求机床工作台进给的位移量和该指令脉冲经伺服系统转化为工作台实际位移量之间的符合程度。在数控加工过程中，对机床的定位精度和轮廓加工精度要求都特别高，一般定位精度要求达到 $0.01 \sim 0.001 \mathrm{mm}$，对于超高精度机床甚至要求达到 $0.1 \mu \mathrm{m}$；而轮廓加工与速度控制和联动坐标的协调控制有关，这种协调控制对速度调节系统的抗干扰能力和静动态性能指标都有较高的要求。

2. 调速范围宽

在数控加工过程中，切削速度因加工刀具、被加工材料及零件加工要求的不同而不同。为保证任何条件下的最佳切削速度，要求进给系统必须有较大的无级调速能力，一般要求调速范围达到1000以上，对于高性能的要求达到10000以上；而对于主轴伺服系统，要求低速（额定转速以下）、恒转矩时具有 $100 \sim 1000$ 的调速范围，高速（额定转速以下）、恒功率时具有10以上的调速范围。

3. 响应速度快，过载能力强

响应速度反映了系统对插补指令的跟踪精度。在加工过程中，为了保证轮廓的加工精度，要求系统跟踪指令信号的速度要快，过渡时间要短（一般要求在200ms以下），同时具有较强的抗过载能力。这两项指标相互制衡，实际使用时需要根据工艺要求综合衡量。

4. 稳定性好

伺服系统的稳定性是指系统在突变指令信号或外界扰动（如电网波动）的作用下，能够达到新的或恢复到原有平衡位置的能力。同时，要求对环境（如温度、湿度、粉尘、油污、振动、电磁干扰等）的适应性强，性能稳定，平均无故障时间间隔长。

除上述要求之外，主轴伺服系统还应满足：①主轴与进给驱动的同步控制，为使数控机床具有螺纹和螺旋槽等加工能力，要求主轴驱动与进给驱动实现同步控制；②准停控制与角度分度控制，在加工中心、车铣复合机床等加工装备上，为了实现自动换刀等功能，需要主轴能被控制准确地停止于某一固定位置，同时具有角度分度控制能力。

5.2　步进伺服驱动系统

步进伺服驱动系统是一种将脉冲信号变换成步进角位移的控制系统，其执行部件为步进电动机（Stepper Motor）。按照励磁方式区分，步进电动机主要包括反应式步进电动机（或称磁阻式，Variable Reluctance Stepper Motor）、永磁式步进电动机（Permanent Magnet Stepper Motor）、混合式电动机（Hybrid Stepper Motor）3 类。按输出转矩大小区分，步进电动机包括伺服式和功率式两种。伺服式步进电动机输出转矩在百分之几至十分之几 N·m，只能驱动较小的负载，要求与液压转矩放大器配用，才能驱动机床工作台等较大的负载；功率式步进电动机输出转矩在 5~50N·m 以上，可以直接驱动机床工作台等较大的负载。为此，步进电动机多适用于控制简单、低速、大转矩和精度低的场合。

利用步进电动机作为机床的驱动电动机，数控轴没有位置和速度反馈回路，实行开环伺服控制。在该控制模式下，系统在工作频率范围内每发出一个脉冲，步进电动机就转过一定的角度；工作台的位移量由发送给步进电动机的脉冲数量决定；工作台的移动速度由发送给步进电动机的脉冲频率决定；工作台的移动方向由步进电动机绕组的通电顺序或电流方向决定；受到步距角的限制，并且只能采用软件补偿的方法解决系统误差问题，所以精度较低；受到步进电动机运行频率的限制，所以速度较慢。

5.2.1　步进电动机的结构与工作原理

下面以典型的反应式步进电动机为例说明其结构与工作原理。三相反应式步进电动机主要由定子和转子构成，其材料均为磁性材料。定子上有 12 个磁极，每个磁极上都装有控制绕组，相对的磁极组成一相，即 A 相、B 相和 C 相。转子上有 16 个均匀分布的磁极。若定子的某一相通电，则在磁性吸引作用下，转子将转到一个角度位置，与定子保持磁力平衡。若定子的三相按照一定的顺序通断电，则转子将从一个角度位置转至另一个角度位置，实现步进转动。步进电动机基本的工作过程如图 5.1 所示。

步进电动机从一相通电换接到另一相通电，称为一拍。每一拍，转子转过一个固定的角度，称为步距角。根据三相通电顺序，步进电动机的工作方式包括三相单三拍、三相双三拍和三相单双六拍三种。

（1）三相单三拍方式　当 U 相绕组通电时，因磁通总是沿着磁阻最小的路径闭合，故转子齿对准定子齿 1、4、7 和 10，如图 5.1a 所示。U 相绕组断电、W 相绕组通电时，转子顺时针转过 7.5°，使转子齿对准定子齿 2、5、8 和 11，如图 5.1b 所示。再使 W 相绕组断

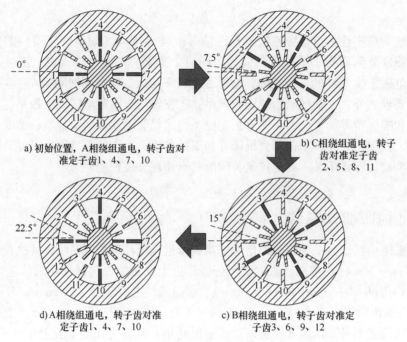

a) 初始位置，A相绕组通电，转子齿对准定子齿1、4、7、10

b) C相绕组通电，转子齿对准定子齿2、5、8、11

d) A相绕组通电，转子齿对准定子齿1、4、7、10

c) B相绕组通电，转子齿对准定子齿3、6、9、12

图 5.1 步进电动机基本的工作过程

电、V 相绕组通电时，转子又顺时针转过 7.5°，使转子齿对准定子齿 3、6、9 和 12，如图 5.1c 所示。如此循环往复，按 U→W→V→U 的顺序通电，电动机转子顺时针转动，步距角为 7.5°；若绕组通电顺序为 U→V→W→U→…，则电动机转子逆时针转动。电动机的转速取决于绕组与电源接通或断开的变化频率。

（2）三相双三拍方式 实际使用中，单三拍通电方式由于在切换时一相绕组断电而另一相绕组开始通电，因此容易造成失步。此外，由单一绕组通电吸引转子，容易使转子在平衡位置附近产生振荡，运行的稳定性较差，所以很少采用。通常将它改成"双三拍"通电方式，即按 "UV→VW→WU→UV→…" 的通电顺序运行，这时每个通电状态均为两相绕组同时通电。步进电动机按双三拍通电方式运行时，其步距角和单三拍通电方式相同。由于在步进电动机工作过程中始终保持有一定绕组通电，因此工作比较平稳。

（3）三相单双六拍方式 虽然步进电动机在三相双三拍方式下能获得比三相单三拍更好的转动稳定性，但转角分辨率并没有得到改善。若通电顺序为 "U→UV→V→VW→W→WU→U→…" 或 "U→UW→W→WV→V→VU→U→…"，定子三相绕组需经过 6 次切换完成一个循环，故称为"三相单双六拍"。该方式下，不仅转矩稳定，且步距角减小了一半（即步进分辨率提高了一倍），被广泛采用。

步进电动机三种工作方式的时序波形图如图 5.2 所示。

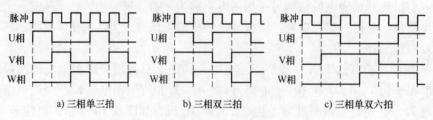

a) 三相单三拍　　b) 三相双三拍　　c) 三相单双六拍

图 5.2 步进电动机三种工作方式的时序波形图

5.2.2　步进电动机的主要性能指标

1. 步距角

步进电动机每接收到一个控制脉冲转子转过的角度。它取决于电动机结构和控制方式。

$$\theta_s = \frac{360°}{ZN} \tag{5.1}$$

式中，Z 为转子齿数；N 为供电方式的拍数。

步距角决定了系统的分辨率。数控机床所采用步进电动机的步距角一般都很小，如 3°/1.5°、1.5°/0.75°、0.72°/0.36°，是步进电动机的重要指标。步进电动机空载且单脉冲输入时，其实际步距角与理论步距角之差称为静态步距角误差，一般控制在±（10′~30′）。

步进电动机每转动一个步距角引起的工作台移动距离称为脉冲当量 δ。

$$\delta = \frac{\theta l}{360° \times i} \tag{5.2}$$

式中，l 为丝杠导程；i 为减速齿轮副的传动比；θ 为转动角度。

2. 最大静态转矩 M_{jmax}

步进电动机在不改变通电状态时（转子处在不动状态，即静态），在电动机轴上外加负载转矩，转子会转过一定的角度（失调角），负载撤销后，转子又回到原来的位置。步进电动机所能够承受的该类负载转矩的最大值称为最大静态转矩 M_{jmax}。步进电动机单相通电的静态转矩随失调角的变化曲线称为矩角特性。三相步进电动机按三相单三拍通电方式各相矩角特性如图 5.3 所示。当外加转矩撤销后，转子在电磁转矩作用下，仍能回到稳定平衡点。M_{jmax} 反映了步进电动机工作时的带载能力。M_{jmax} 越大，电动机带载能力越强，运行的快速性和稳定性越好。

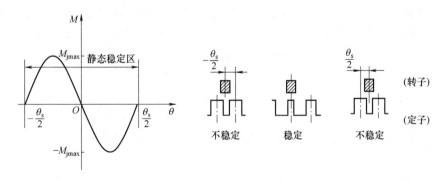

图 5.3　三相步进电动机三相单三拍通电方式各相矩角特性

3. 空载起动（突跳）频率 f_{st}

空载时，步进电动机由静止突然起动，进入不丢步的正常运行状态所允许的最高频率，称为空载起动频率或突跳频率 f_{st}，与步进电动机的惯性负载有关。空载起动时，定子绕组通电频率不能高于起动频率，若实际通电频率高于起动频率，将发生丢步、堵转等，并伴有啸叫声。

4. 最大运行频率 f_w

步进电动机起动后，其运行速度能跟踪指令脉冲频率连续上升而不丢步的最高工作频率，称为最大运行频率 f_w。最大运行频率决定了系统的最大速度。

对于以步进电动机为主要驱动元件构成的系统，影响其定位精度的主要因素包括静态步距误差、动态误差和机械系统传动误差等。

1）静态步距误差：在空载情况下，理论的步距角与实际的步距角之差，以分表示，一般在10′内；步距误差主要由步进电动机步距制造误差、定子和转子间气隙不均匀以及各相电磁转矩不均匀等因素造成。

2）动态误差：脉冲频率与电动机要求不匹配，易出现振荡；起停过程中，电动机转动滞后于控制脉冲。

3）机械系统传动误差：齿轮间隙、丝杠螺距误差等。

5.2.3 步进驱动控制

步进驱动控制系统主要包括脉冲信号发生器、脉冲分配器、功率放大器（或称驱动主电路）及步进电动机等。从脉冲分配器输出的进给控制信号电流只有几毫安，而步进电动机定子绕组需要几安的电流。功率放大电路的作用就是将从脉冲分配器输出的信号进行功率放大并送至步进电动机的各绕组。步进驱动控制系统的基本结构如图5.4所示。

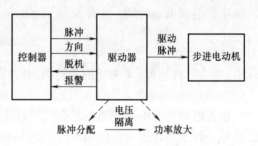

图 5.4　步进驱动控制系统基本结构

1. 脉冲分配器

脉冲分配器的主要功能是将数控装置送来的一串指令脉冲，按步进电动机所要求的通电顺序分配给步进电动机驱动电源的各相输入端，以控制励磁绕组的通断，实现步进电动机的运行及换向。脉冲分配可由硬件或软件的方法来实现，分别称为硬件脉冲分配器和软件脉冲分配器。

硬件脉冲分配电路可由 D 触发器或 JK 触发器构成，亦可采用专用集成芯片或通用可编程逻辑器件。以三相步进电动机为例，三相单双六拍真值表见表 5.1，使用通用 IC（与或门、D 触发器等）设计出的脉冲分配电路如图 5.5 所示。脉冲分配器的输入、输出信号一般为 TTL 电平；输出信号 A、B、C 高电平表示相应的绕组通电，低电平表示相应的绕组失电；CLK 为数控装置所发脉冲信号，每一个脉冲信号的上升沿或下降沿到来，将改变一次绕组的通电状态；DIR 为数控装置所发方向信号，其电平的高低变化即对应电动机绕组通电顺序的改变；FULL／HALF 电平用于控制电动机的整步或半步，通常根据需要将其接在固定的电平上即可。

表 5.1　三相单双六拍真值表

正转	反转	输入脉冲	U	V	W
		1	1	0	0
		2	1	1	0
		3	0	1	0
		4	0	1	1
		5	0	0	1
		6	1	0	1

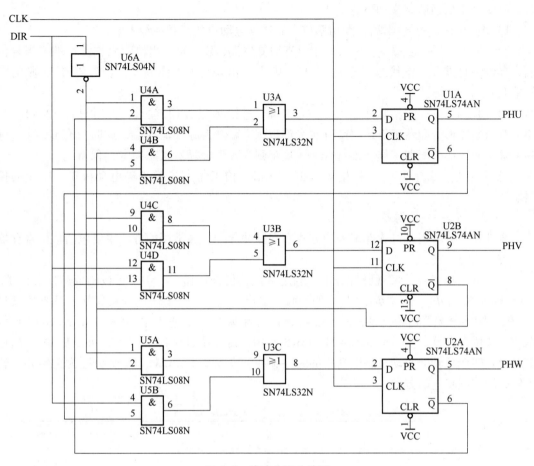

图 5.5 脉冲分配电路图

CH250 是国产的三相反应式步进电动机环形分配器的专用集成电路芯片,通过其控制端的不同接法可以组成三相双三拍和三相单双六拍的工作方式,其引脚图和接口电路图如图 5.6 所示。

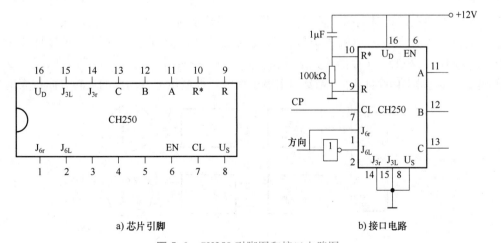

a) 芯片引脚   b) 接口电路

图 5.6 CH250 引脚图和接口电路图

CH250 主要引脚定义如下：

1）A、B、C——输出端，经功率放大后接到电动机的三相绕组上。

2）R、R∗——复位端，R 为三相双三拍复位端，R∗ 为三相单双六拍复位端，当复位端为高电平时进入工作状态。若为"10"，则为三相双三拍工作方式；若为"01"，则为三相单双六拍工作方式。

3）CL、EN——进给脉冲输入端和允许端；进给脉冲由 CL 输入，此时只有 EN＝1，脉冲上升沿使环形分配器工作；CH250 也允许以 EN 端作为脉冲输入端，此时只有 CL＝0，脉冲下降沿使环形分配器工作。不符合上述规定则为环形分配器状态锁定（保持）。

4）J_{3r}、J_{3L}、J_{6r}、J_{6L}——三相双三拍、三相六拍工作方式时步进电动机正、反转的控制端。

5）U_D、U_S——电源端。

软件脉冲分配指通过软件编程的方式实现脉冲分配，最常用的方法主要包括移位寄存器法、查表法等。

（1）移位寄存器法实现脉冲分配　利用 4 位移位寄存器 74LS194 可以构成脉冲分配器。74LS194 的输出 Φ_1、Φ_2、Φ_3、Φ_4 为四相脉冲输出，S_0、S_1 为工作模式设置端，其真值表见表 5.2。脉冲分配器初始化时，$S_0＝S_1＝1$，在时钟脉冲（步进脉冲）CK 作用下，0011B 数据装入移位寄存器，然后使 $S_1S_0＝01$ 或 $S_1S_0＝10$，再在步进脉冲控制下就可以从 $\Phi_1 \sim \Phi_4$ 送出对应正转或反转的驱动步进电动机的时序脉冲。表 5.2 中，CW、CCW 分别为正转和反转工作，即控制步进的方向。

表 5.2　脉冲分配器模式控制表

S_1	S_0	状态	S_1	S_0	状态
0	1	CW	1	1	初始化
1	0	CCW	0	0	输出保持

（2）查表法实现脉冲分配　图 5.7 所示为两坐标步进电动机伺服进给系统。X 向和 Z 向的三相定子绕组分别为 U、V、W 和 u、v、w 相，分别经各自的功率放大器、光电耦合器与控制器的 PIO（并行输入/输出接口）的 PA0～PA5 相连。首先，根据 PIO 接口的接线方式，按步进电动机运转时绕组励磁状态转换方式得出脉冲分配器输出状态表（见表 5.3），将表示 X 向、Z 向步进电动机各个绕组状态的二进制数分别存入存储单元地址 2A00H～2A05H、2A10H～2A15H（存储单元地址由用户设定）；然后，编写 X 向和 Z 向正、反向进给子程序。步进电动机运行时，需要调用该子程序。根据步进电动机的运转方向按表地址的

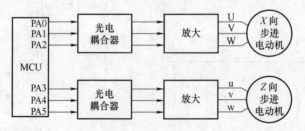

图 5.7　两坐标步进电动机伺服进给系统框图

正、反向依次取出对应存储单元地址的内容（即表示步进电动机各个绕组励磁状态的二进制数）并输出，实现电动机的正反转运行。

表 5.3　查表法的脉冲分配表

节拍	W	V	U	存储单元		正转	反转
	PA2	PA1	PA0	地址	内容		

X 向步进电动机							
1	0	0	1	2A00H	01H		
2	0	1	1	2A01H	03H		
3	0	1	0	2A02H	02H		
4	1	1	0	2A03H	06H		
5	1	0	0	2A04H	04H		
6	1	0	1	2A05H	05H		

节拍	W	V	U	存储单元		正转	反转
	PA5	PA4	PA3	地址	内容		

Z 向步进电动机							
1	0	0	1	2A10H	01H		
2	0	1	1	2A11H	03H		
3	0	1	0	2A12H	02H		
4	1	1	0	2A13H	06H		
5	1	0	0	2A14H	04H		
6	1	0	1	2A15H	05H		

2. 步进电动机的驱动电源

步进电动机的理想驱动电源使电动机绕组电流尽量接近矩形波。然而，步进电动机是感性负载，其绕组中电流不能突变，而是按指数规律上升或下降，从而使整个通电周期内绕组电流平均值下降，电动机输出转矩下降。为了提高步进电动机的动态特性，必须改善电流波形，使前、后沿陡度增大。常用方法包括电阻法和电压法两种，其中，串联电阻的方式线路简单，但串联电阻（<10Ω）将消耗一定功率、发热量大，也会降低放大器的效率，只适用于小功率步进电动机；而增大电源电压可以有效地改善电流上升沿陡度，线路较复杂，往往需要采用双电源，效率较高、效果好，适用于中小型功率步进电动机。

常见的步进电动机的驱动电源主要包括单电压驱动、高低电压切换驱动、斩波驱动等，分别介绍如下。

（1）单电压驱动　单电压驱动电路如图 5.8 所示。L_a 是步进电动机的一相绕组。由于电动机的绕组是感性负载，属于储能元件，为了使绕组中的电流能迅速消失，需在驱动电源中设有能量泄放电路。另外，晶体管截止时，绕组将产生很大的反电动势，这个反电动势和电源电压 U 一起作用在功率晶体管 VT 上。为防止功率晶体管被高压击穿，必须有续流回路。VD 正是为上述两个目的而设的续流二极管。当 VT 关断时，电动机绕组中的电流经 R_c、R_d、VD、U、L_a 迅速泄放。R_d 用来减小泄放回路的时间常数，提高电流泄放速度，从而改善电动机的高频特性。R_d 太大会使步进电动机的低频性能明显变坏，电磁阻尼作用减弱，共振加剧。R_c 用来限制绕组电流，以及减小绕组回路的时间常数，使绕组中的电流能够快速地建立起来，提高电动机的工作频率。R_c 太大会因消耗太多功率而发热，且会降低绕组中的电压，此时需提高电源电压来补偿。单电压驱动电路的特点是：线路简单，但电流上升不够快，高频时带负载的能力低，一般用于小功率步进电动机。

（2）高低电压切换驱动　高低电压切换驱动电路如图 5.9 所示。U_1 是高压电源电压，U_2 是低压电源电压；VT_1 是高压控制晶体管，VT_2 是低压控制晶体管；VD_1 是阻断二极管，VD_2 是续流二极管。这种驱动电路的工作原理是：步进控制脉冲输入后，经前置放大器放大，控制高、低压功率晶体管 VT_1 和 VT_2 同时导通，由于 VD_1 的作用，高压 U_1 到低压 U_2 的通路被阻断，使高压 U_1 作用在电动机绕组上；高压脉冲信号在高压脉宽定时电路的控制下，经过一定的时间（小于步进控制脉冲的宽度）便消失，使高压管 VT_1 截止；由于低压管 VT_2 仍导通，因此低压电源 U_2 便经二极管 VD_1 向绕组供电，一直维持到步进脉冲结束。步进脉冲结束时，VT_2 关断，绕组中的续流经 VD_2 泄放。高低电压切换驱动控制电路的特点是：在较大的频率范围内有较大的平均电流，能够得到较大的平均功率，但是电流波顶有凹陷，电路较复杂。

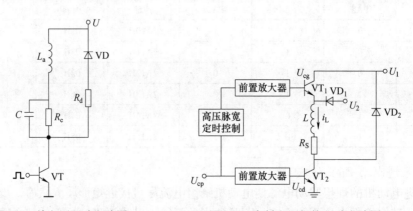

图 5.8　单电压驱动电路图　　　　图 5.9　高低电压切换驱动电路图

（3）斩波驱动　斩波驱动电路如图 5.10 所示，由高压晶体管 VT_1、电动机绕组 L_a、低压晶体管 VT_2 串联而成。低压晶体管串联了一个小的取样电阻 R，电动机绕组的电流经过这个小电阻接地。两个控制门 IC_1 和 IC_2 分别控制高、低压晶体管的导通和截止。当脉冲分配器无输入时，IC_1 和 IC_2 处于关闭状态，VT_1 和 VT_2 截止，比较器反馈为零，此时比较器输出

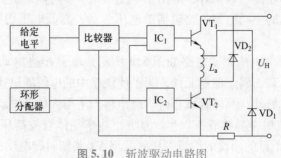

图 5.10　斩波驱动电路图

高电平。当脉冲分配器输出导通信号时，IC_1 和 IC_2 打开，VT_1 和 VT_2 导通，高电压通过 VT_1 为绕组供电，电流快速上升。取样电阻上的电压表征了电流的大小，当电流超过设定值时，比较器翻转，输出低电平，IC_1 也输出低电平，VT_1 关断。此时，绕组电流仍按原方向流动，经 VT_2、R、地线和 VD_1 构成续流回路消耗磁场能量，电流逐渐衰减下降。当比较器获得的反馈小于设定值时，再一次进行翻转，输出高电平，打开 VT_1 为绕组供电，电流上升，如此反复。斩波驱动方式的电流波形比较理想，但是电路复杂。

5.3 直流伺服驱动系统

以直流伺服电动机作为驱动元件的伺服系统称为直流伺服驱动系统。直流伺服电动机具有优良的调速性能（只需要改变电压即可实现调速，调速简单）。20 世纪 90 年代，在调速性能要求较高的场合，直流伺服电动机一直占据主导地位。

根据磁场产生的方式，直流伺服电动机分为永磁式、励磁式、混合式等。直流伺服电动机的结构和工作原理与普通的直流电动机相同，主要由定子、转子、电刷等几部分组成。借助于换向器和电刷的作用，直流电源变为电枢线圈中的交变电流；由于电枢线圈所处的磁极同时交变，因此电枢产生的电磁转矩方向保持不变，确保直流伺服电动机朝确定的方向连续旋转。

5.3.1 直流伺服电动机的调速原理与方法

直流电动机的工作原理基于电磁感应定律，即电流切割磁力线产生电磁转矩。励磁式直流伺服电动机的等效电路如图 5.11 所示。

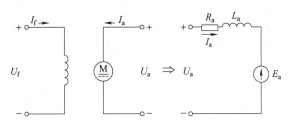

图 5.11 励磁式直流伺服电动机等效电路图

电磁电枢回路的电压平衡方程式为

$$U_a = E_a + I_a R_a \tag{5.3}$$

式中，R_a 为电动机电枢回路的总电阻；U_a 为电动机电枢的端电压；I_a 为电动机电枢的电流；E_a 为电枢电阻的感应电动势。

当励磁通量 Φ 恒定时，电枢绕组的感应电动势与转速成正比，则

$$E_a = C_E \Phi n \tag{5.4}$$

式中，C_E 为电动势常数，表示单位转速时所产生的电动势；n 为电动机转速。

电动机的电磁转矩为

$$T_m = C_T \Phi I_a \tag{5.5}$$

式中，T_m 为电动机电磁转矩；C_T 为转矩常数，表示单位电流所产生的转矩。

将式（5.3）~式（5.5）联立，即可得出他励式直流伺服电动机的转速式为

$$n = \frac{U_a}{C_E \Phi} - \frac{R_a}{C_E C_T \Phi^2} T_m \qquad (5.6)$$

由式（5.6）可知，可以通过改变电枢外加电压 U_a、磁通量 Φ 和电枢回路电阻 R_a 等方式对直流伺服电动机进行调速。对于永磁式直流伺服电动机，磁通量不可变，往往通过改变转子的电枢外加电压实现调压调速。在其他参数保持不变的条件下，电压与速度呈线性关系，电压调速方法可得到调速范围较宽的恒转矩特性，被广泛采用。

5.3.2 直流伺服电动机电压调速方式

直流伺服电动机速度控制单元的作用是将转速指令信号转换为电枢的电压值，实现对电动机转速的调节。电压调速的主要方法包括晶闸管（Semiconductor Control Rectifier，SCR）调速和晶体管脉宽（Pulse Width Modulation，PWM）调速。

1. 晶闸管调速

晶闸管调速就是利用晶闸管的单向导电性和可控性，通过改变触发延迟角 α 的大小来改变电枢电压的平均值，达到电动机调速的目的。在设计控制电路时，晶闸管的阳极 A 和阴极 K 分别与电源和负载连接，组成晶闸管的主电路；晶闸管的门极 G 和阴极 K 与控制晶闸管的装置连接，组成晶闸管的控制电路。当晶闸管承受反向阳极电压时，不管门极承受何种电压，控制电路均处于关断状态；当晶闸管承受正向阳极电压时，控制电路仅在门极承受正向电压的情况下才导通；在晶闸管导通状态下，当主回路电压（或电流）减小到接近于零时，控制电路关断。

图 5.12 所示为数控机床中较常见的一种晶闸管直流调速系统图。该系统的驱动控制电源为晶闸管变流器。当速度指令信号放大时，速度调节器输入端的偏差信号加大，速度调节器的放大器输出随之增加，电流调节器输入和输出同时增加，使触发器的输出脉冲前移（即减小晶闸管触发延迟角 α 的值），晶闸管变流器输出电压增高，电动机转速上升；同时速度检测信号值增加，当达到给定的速度值时，偏差信号为零，系统达到新的平衡状态，电动机按指令速度运行；当电动机收到外负载干扰，如外负载增加时，转速下降，速度调节器输入偏差增大，与前面产生同样的调节效果。

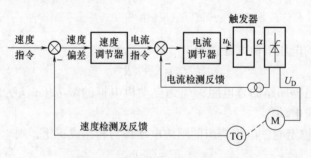

图 5.12 晶闸管直流调速系统图

晶闸管直流调速系统具有良好的动、静态指标，起/制动过程快，可以最大限度地利用电动机的过载能力，使电动机运行在极限转矩的最佳过渡过程；其缺点是工作频率低，输出电压波形差，电流脉动分量大，不仅使电动机发热、工作条件恶化，也会使电网电压波动。

2. 晶体管脉宽调速

晶体管脉宽调速就是利用晶体管的开关特性，将恒定的直流电压调制成频率一定、宽度可调的脉冲电压序列，从而改变平均输出电压大小，以调节电动机转速。晶体管脉宽调速的基本原理如图 5.13 所示。U 为直流电源电压；u_g 为晶体管开关 S 的通断控制电压，常用控制电压包括三角波、方波、正弦波等；VD 为续流二极管，用于保护电动机；u_D 为电动机两端的实际电压。在控制电压 u_g 的作用下，晶体管开关 S 将以一定的时间间隔重复地接通和断开。当 S 接通时，供电电源 U 通过开关 S 施加到电动机两端，电源向电动机供电，接着电动机储能、旋转；当 S 断开时，中断电动机供电，电枢电感所存储的能量通过 VD 泄流，使电动机电流继续流通，保持旋转。由此，直流电压 U 被转换成幅值不变的高频方波电压施加在电动机两端。

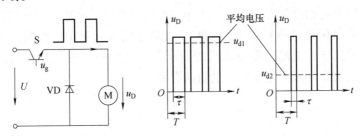

图 5.13　晶体管脉宽调速原理图及电压波形

电动机两端的电压平均值为

$$\overline{u_d} = \frac{1}{T}\int_0^T U_{dt} = \frac{\tau}{T}U = \lambda U \tag{5.7}$$

式中，T 为开闭周期，$0.4\sim2\text{ms}$，远小于电动机时间常数，故无转速脉动；τ 为导通时间，$\tau \leqslant T$，其值越大，则平均电压越大，速度越大；λ 为占空比，$\lambda = \tau/T$，$\lambda \in [0, 1]$。

根据式（5.7），改变开闭时间和导通时间的比例，即改变占空比，就可以改变电动机两端的电压平均值，从而使电动机转速得到控制。与晶闸管调速相比，晶体管脉宽调速的电动机损耗小（晶体管开关频率高），系统动态性能好，低速脉动小，响应快。

3. 转矩-转速特性曲线

直流伺服电动机的转矩-转速特性曲线也称工作曲线，如图 5.14 所示。直流电动机的工作区域被温度界限、转速界限、换向界限、转矩界限及瞬时换向界限分成三个区域。Ⅰ区域为连续工作区，在该区域中，转矩和转速的任意组合都可以长时间工作，转矩基本不变，电动机工作在恒转矩区。Ⅱ区域为断续工作区，在该区域中，电动机只能够间歇工作，一般指在 10min 的工作周期内，电动机有 20%～40% 的时间在工作。Ⅲ区域为加减速区，在该区域中，电动机只能以加速或减速状态工作一段极短的时间。

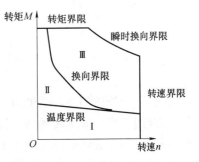

图 5.14　转矩-转速特性曲线

直流伺服电动机具有起动力矩大、低速性能好、转动惯量大、调速范围宽（10000）、允许过载时间长等优点。但是，直流伺服电动机结构上存在电刷及整流子，在电动机转动时会产生火花、炭粉，除了会造成组件损坏之外，使用场合也受到限制。而且，电刷由多种材料制成，制作工艺复杂，存在磨损问题，需要定期地更新电刷，维护不方便。

5.4 交流伺服驱动系统

20世纪90年代后期，随着新型大功率电力电子器件、新型变频技术、现代控制理论及微机控制数控技术的不断发展，交流伺服驱动技术取得了突破性进展。交流伺服电动机不仅克服了直流伺服电动机结构上存在整流子、电刷维护困难、造价高、寿命短、应用环境受限等缺点，同时具有坚固耐用、经济可靠、动态响应好、输出功率大等优点。因此，交流伺服电动机已逐渐取代直流伺服电动机，在数控机床上得到广泛应用。

常用的交流伺服电动机分为永磁同步式和和感应异步式。永磁同步交流伺服电动机的转速和外加电源频率存在确定的关系（$n = 60f/p$），适于精确伺服定位控制，主要用于数控机床的进给系统。感应异步交流伺服电动机的转子转速与磁场转速往往不同步，适用于大功率、低速场合，在数控机床上主要用于主轴伺服系统。

5.4.1 交流伺服电动机的结构与工作原理

永磁同步交流伺服电动机（Permanent Magnet Synchronous Motor，PMSM）主要由定子、转子和检测元件（速度和位置传感器）组成，其结构如图5.15所示。定子有齿槽，内有三相绕组，外圆多成多边形，无外壳以利于散热。速度和位置传感器多采用光电编码器或旋转变压器，可以实现转子转速与位置测量等功能。

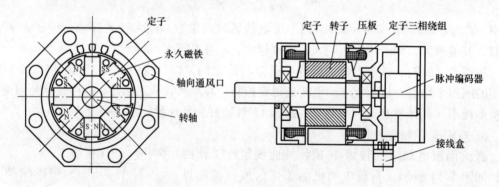

图5.15 永磁同步交流伺服电动机结构图

永磁同步交流伺服电动机的工作原理如图5.16所示。当定子三相绕组通交流电后，定子三相绕组产生空间旋转磁场，该旋转磁场以同步转速 n_s 旋转。根据磁极同性相斥、异性相吸原理，定子旋转磁场与转子永久磁场相互吸引，带动转子以同步转速 n_s 旋转。当对转子施加负载转矩时，转子磁极轴线将与定子磁极轴线产生一个偏角，负载越大，偏角越大。只要负载不超过一定限度，转子始终跟着定子的旋转磁场以同步转速 n_s 旋转。

设电动机转速为 n_r，则

$$n_r = n_s = 60f_1/p \tag{5.8}$$

式中，f_1 为交流供电电源频率（即定子供电频率，单位为Hz）；p 为定子和转子的极对数。

永磁同步交流伺服电动机的转矩-转速特性曲线如图 5.17 所示，分为连续工作区域Ⅱ和断续工作区域Ⅰ两部分。在连续工作区域，电动机在速度与转矩为任何组合时，都可以连续工作。但连续工作区域的划分受两个条件的限制：一是供给电动机的电流是理想的正弦波电流；二是电动机是工作在某一特定温度下得到这条连续工作极限线的，与所用磁性材料的温度系数有关。断续工作区域的极限一般受到电动机供电电压的限制。交流伺服电动机的机械特性比直流伺服电动机的机械特性要硬，其曲线更接近水平线。断续工作区域范围更大，尤其是在高速区，这有利于提高电动机的加减速能力。

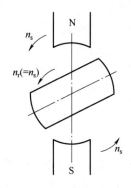 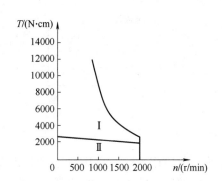

图 5.16　永磁同步交流伺服电动机的工作原理　图 5.17　永磁同步交流伺服电动机的转矩-转速特性曲线

永磁式同步电动机的缺点是起动难，这是由于转子本身的惯量、定子与转子之间的转速差过大等因素使转子在起动时所受电磁转矩的平均值为零，电动机难以起动。解决办法是在设计时减小电动机的转动惯量，或者在速度控制单元中采用先低速后高速的控制方法。

对于感应式异步交流主轴伺服电动机，转速 n_r 应为

$$n_r = n_s(1-s) = 60\frac{f_1(1-s)}{p} \tag{5.9}$$

式中，s 为转差率，$s = (n_s - n_r)/n_s$。

根据式（5.8），可通过改变定子绕组极对数 p 和改变电源频率 f_1 进行电动机调速。改变磁极对数 p 可实现有级调速，只适用于一些特殊应用的场合。改变电源频率 f_1 可实现变频无级调速，已成为永磁同步交流伺服电动机调速的主流方法。

5.4.2　交流伺服电动机变频调速

变频调速借鉴并应用了变频技术，通过变频 PWM 方式进行速度调控。首先将工频交流电整流成直流电，然后通过 PWM 逆变为频率可调的交流电，波形类似于正、余弦的脉动电。变频调速从高速到低速都能保持有限的转差率，具有高效率、宽范围和高精度的调速性能，被认为是一种交流伺服电动机较理想的调速方法。

变频调速分为交-交变频和交-直-交变频两种，其基本原理如图 5.18 所示。交-交变频利用晶闸管整流电路直接将工频交流电（频率为 50Hz）变成频率较低的脉动交流电，正组输出正脉冲，反组输出负脉冲，脉动交流电的基波是所需的变频电压。该调频方式输出的交流电波动比较大，且最大频率即为工频电压频率。交-直-交变频先将交流电整流成直流电，然后将直流电压变成矩形脉冲波电压，矩形脉冲波的基波是所需的变频电压。该调频方式输出

交流电的波动小、调频范围比较宽、调节线性度好。

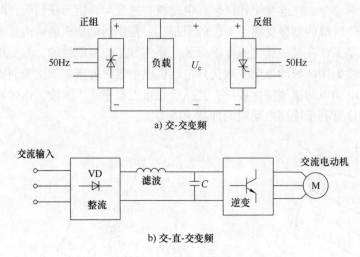

a) 交-交变频

b) 交-直-交变频

图 5.18　两种变频调速方式

　　作为目前应用最广、最基本的一种交-直-交型变频调速方式，正弦波变频利用脉宽调制生成与正弦波等效的正弦脉宽调制波，即 SPWM 波，又称为 SPWM 变频。该方式通过将一个正弦半波分成 N 等份，然后把每一等份的正弦曲线与横坐标所包围的面积用与其相等的等幅不等宽的矩形面积代替，即可得到 N 个等幅不等宽的矩形脉冲。这 N 个脉冲对应一个正弦波的半周。正弦波的正负半周均如此处理。SPWM 控制波一般采用正弦波-三角波调制实现，其利用三角波电压与正弦参考电压相比较，以确定各分段矩形脉冲的宽度，调制原理如图 5.19 所示。在电压比较器 Q 的两端分别输入正弦波参考电压 U_R 和频率-幅值固定的三角波电压 $U_\triangle$，在 Q 的输出端得到 PWM 调制电压脉冲。当 $U_R < U_\triangle$ 时，Q 输出端为高电平；当 $U_R > U_\triangle$ 时，Q 输出端为低电平。U_R 与 $U_\triangle$ 交点之间的距离随正弦波的大小而变化，交点之间的距离决定了比较器 Q 输出脉冲的宽度，因而可以得到幅值相等而宽度不等的 PWM 脉冲调制信号 U_P，且该信号频率与正弦波参考电压 U_R 频率相同。

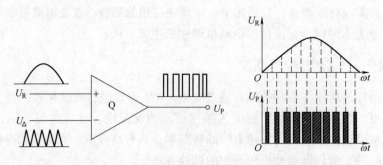

图 5.19　SPWM 正弦波-三角波调制原理及调制波

　　为获得三相 SPWM 脉宽调制波形，需要 3 个互成 120° 的控制电压分别与同一三角波比较，获得 3 路互成 120° 的幅值-频率可调 SPWM 脉宽调制波。三角波频率为正弦波频率 3 倍的整数倍，保证了 3 路脉冲调制波形和时间轴所形成的面积随时间的变化互成 120° 相位角。三相 SPWM 变频器的主回路如图 5.20 所示，主要由整流器和逆变器组成。整流器为二极管桥式电路结构，将三相工频交流电变成直流电，经电容器 C_d 滤波平滑后，产生恒定的直流电压，输出给逆变器。逆变器由 6 支具有单向导电性的大功率开关管组成，且每支功率开关上反并联一支续流二极管，将整流电路输出的直流电压逆变成三相交流电，驱动电动机运行。逆变器的交流输出电压被钳位为矩形波，与负载性质无关，交流输出电流的波形与相位则由负载功率因数决定。

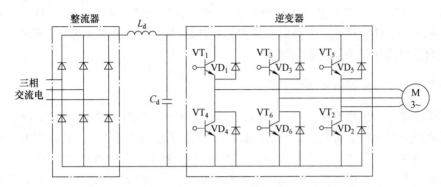

图 5.20　三相 SPWM 变频器的主回路原理图

SPWM 模拟变频调速的控制系统电路框图如图 5.21 所示。速度（频率）给定器给定信号控制频率、电压及正反转信号；平稳起动回路使起动加、减速时间可随机械负载情况设定实现软起动；输出低频信号时，函数发生器可以保持电动机气隙磁通一定，补偿定子电压降的影响。电压频率变换器将电压信号转换成具有一定频率的脉冲信号，经分频器、环形计数器产生方波，和经三角波发生器产生的三角波一并送入调制回路；电压调节器和电压检测器构成闭环控制，电压调节器产生频率和幅值可调的控制正弦波，送入调制回路；在调制回路中进行 PWM 变换产生三相的脉冲宽度调制信号；基极回路输出信号至功率晶体管基极，即对 SPWM 的主回路进行控制，实现对永磁交流伺服电动机的变频调速；电流检测器进行过载保护。

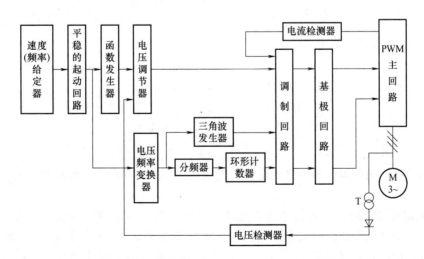

图 5.21　SPWM 模拟变频调速控制系统电路框图

模拟电路实现 SPWM 变频的缺点是所需硬件比较多，而且不够灵活，改变参数和调试均比较麻烦。而由数字电路实现 SPWM 逆变器，则可以采用以软件为基础的控制模式，其优点是所需硬件少、灵活性好、可对频率和电压实现精确计算、智能性强。目前，采用微机控制的数字化 SPWM 技术已占当今 SPWM 逆变器的主导地位，人们倾向于用微处理器或单片机来合成 SPWM 信号，生产出全数字的变频器。用微处理器合成 SPWM 信号时，通常使用算法计算并形成表格，存于内存中；在工作过程中，通过查表方式，控制定时器定时输出三相 SPWM 调制信号；再通过外部硬件电路延时和互锁处理，形成 6 路信号。SPWM 数字变频系统的主要部件包括 U/f 变换器、计数分频与地址译码器、基准正弦波形成器、频率与电压的协调控制器和三角波发生器等。

5.4.3 交流伺服电动机矢量调速

矢量调速又称为磁场定向控制。交流伺服电动机可以利用 SPWM 进行矢量变频调速控制，使交流伺服电动机获得与直流伺服电动机同样优良的调速性能。交流伺服电动机矢量控制的基本思想就是利用"等效"的概念，首先将三相交流电动机输入的电流（矢量）变换为等效的直流电动机中彼此独立的励磁电流和电枢电流（标量），建立起交流电动机的等效数学模型；然后通过对这两个量的反馈控制，实现对电动机的转矩控制；再通过相反的变换，将被控制的等效直流电动机还原为三相交流电动机，使得三相交流电动机的调速性能完全体现直流伺服电动机的调速性能。等效变换的准则是变换前后必须产生同样的旋转磁场。

矢量控制的等效过程如下：

（1）三相/二相变换　即将三相电动机转换为二相电动机。如图 5.22 所示，在空间互成 120°的异步电动机 3 个定子绕组 A、B、C 上，通以三相正弦平衡交流电流 i_A、i_B、i_C。通过坐标变换，将异步电动机的 A、B、C 三相坐标系的交流量变换为 α-β 两相固定坐标系的交流量 i_α 和 i_β，即

$$
\begin{bmatrix} i_\alpha \\ i_\beta \end{bmatrix} = \sqrt{\frac{2}{3}} \begin{bmatrix} \cos 0 & \cos \frac{2}{3}\pi & \cos \frac{4}{3}\pi \\ \sin 0 & \sin \frac{2}{3}\pi & \sin \frac{4}{3}\pi \end{bmatrix} \begin{bmatrix} i_A \\ i_B \\ i_C \end{bmatrix} = \sqrt{\frac{2}{3}} \begin{bmatrix} 1 & -\frac{1}{2} & -\frac{1}{2} \\ 0 & \frac{\sqrt{3}}{2} & -\frac{\sqrt{3}}{2} \end{bmatrix} \begin{bmatrix} i_A \\ i_B \\ i_C \end{bmatrix} \tag{5.10}
$$

二相/三相逆变换关系为

$$
\begin{bmatrix} i_A \\ i_B \\ i_C \end{bmatrix} = \sqrt{\frac{2}{3}} \begin{bmatrix} 1 & 0 \\ -\frac{1}{2} & \frac{\sqrt{3}}{2} \\ -\frac{1}{2} & -\frac{\sqrt{3}}{2} \end{bmatrix} \begin{bmatrix} i_\alpha \\ i_\beta \end{bmatrix} \tag{5.11}
$$

三相异步电动机的电压和磁链的变换与电流变换相同，从而将三相电动机转换为二相电动机。

（2）矢量旋转变换　即将二相交流电动机转换为等效的直流电动机。如图 5.23 所示，将 α-β 两相固定坐标系的交流量变换为以转子磁场定向的 d-q 直角坐标系的直流量，d-q 直角坐标系旋转的同步电气角速度为 ω_1。旋转坐标系水平轴位于转子轴线上，称为转子磁场定向的矢量控制，静止和旋转坐标系之间的夹角 θ 就是转子位置角，可用装于电动机轴上的位置检测元件获得，此类矢量控制适用于永磁同步电动机。如果矢量控制的旋转坐标系位于

电动机的旋转磁通轴上，称为磁通定向控制，适用于三相异步电动机，其静止和旋转坐标系之间的夹角通过计算获得。

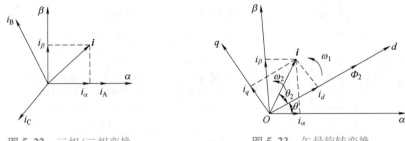

图 5.22　三相/二相变换　　　　　　图 5.23　矢量旋转变换

矢量转换的实质是静止直角坐标系向旋转直角坐标系的转换，转换条件是保证合成磁场不变。矢量变换的矩阵表达式为

$$\begin{bmatrix} i_d \\ i_q \end{bmatrix} = \begin{bmatrix} \cos\theta & \sin\theta \\ -\sin\theta & \cos\theta \end{bmatrix} \begin{bmatrix} i_\alpha \\ i_\beta \end{bmatrix} \tag{5.12}$$

其逆变换矩阵为

$$\begin{bmatrix} i_\alpha \\ i_\beta \end{bmatrix} = \begin{bmatrix} \cos\theta & -\sin\theta \\ \sin\theta & \cos\theta \end{bmatrix} \begin{bmatrix} i_d \\ i_q \end{bmatrix} \tag{5.13}$$

式中，i_d 和 i_q 分别为直流电动机的励磁电流和电枢电流。

i_d 和 i_q 的合成矢量 i 用极坐标表示为

$$\begin{cases} |\boldsymbol{i}| = \sqrt{i_d^2 + i_q^2} \\ \tan\theta_2 = \dfrac{i_q}{i_d} \end{cases} \tag{5.14}$$

由于矢量控制需要复杂的数学计算，因此矢量控制是一种基于微处理器的数字控制方案。

5.4.4　伺服单元的工作方式

伺服单元（Servo Unit）又称为"伺服驱动器"，是一种用来控制伺服电动机的控制器。伺服单元可以通过位置、速度和转矩/力矩三种方式对伺服电动机进行控制，实现高精度的传动系统定位。伺服单元采用数字信号处理器（Digital Signal Processor，DSP）作为控制核心，可以实现比较复杂的控制算法。功率器件普遍采用以智能功率模块（Intelligent Power Module，IPM）为核心设计的驱动电路，IPM 内部集成了驱动电路，同时具有过电压、过电流、过热、欠电压等故障的检测保护电路；另外，在主回路中还加入了软起动电路，以减小起动过程对驱动器的冲击。

伺服单元的工作原理为：首先，功率驱动单元通过三相全桥整流电路对输入的三相电或市电进行整流，得到相应的直流电；然后，经过整流的直流电通过三相正弦 PWM 电压型逆变器变频来驱动交流伺服电动机。功率驱动单元的整个过程可以简单地描述为 AC-DC-AC 的过程，整流单元（AC-DC）主要的拓扑电路是三相全桥不控整流电路。伺服单元的闭环控制结构如图5.24所示，包括位置环、速度环和转矩环（电流环）。根据伺服单元在驱动回路中完成的控制任务，伺服单元的工作方式主要有三种：速度控制、位置控制、转矩/力矩控制。

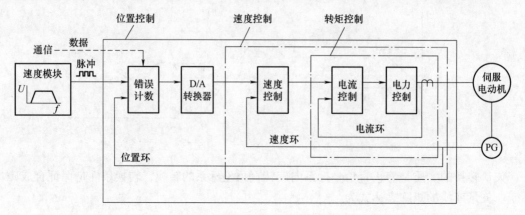

图 5.24 伺服单元的闭环控制结构

（1）速度控制方式 图 5.25 为速度控制原理图。上位机（控制器）完成位置环控制，向伺服单元输出速度控制指令；伺服单元接到速度指令后完成速度环和转矩环控制。早期的数控系统大都采用这种经典的控制方式，但因速度控制指令是模拟量（如$-10\sim10V$ 范围内的模拟电压），控制回路受干扰可能性较大。

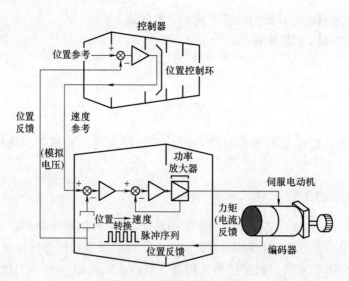

图 5.25 速度控制原理图

（2）位置控制方式 图 5.26 为位置控制原理图。上位机（控制器）只进行插补运算，输出位置控制指令；伺服单元接到速度指令后完成位置环、速度环和转矩环控制。上位机给伺服单元发送的是位置指令脉冲序列，有 3 种发送方式：①脉冲序列+方向电平；②正向脉冲序列+负向脉冲序列；③串行数据包（如总线式伺服）。目前，该方式在数控系统中被广泛采用。

（3）转矩/力矩控制方式 图 5.27 为转矩/力矩控制原理图。上位机（控制器）完成位

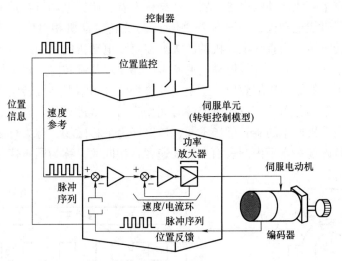

图 5.26 位置控制原理图

置环和速度环控制,输出转矩/力矩控制指令;伺服单元接到转矩/力矩指令后完成转矩环控制。这种控制方式主要以转矩/力矩为控制目标,主要应用于对受力有严格要求的制造装置中,如缠绕设备、印染设备等领域的张紧度控制、压力控制等。

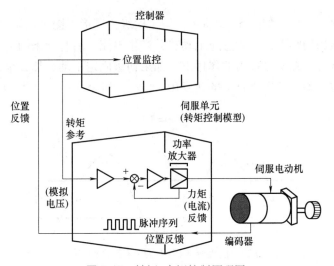

图 5.27 转矩/力矩控制原理图

伺服单元的 3 种控制方式可通过伺服驱动器参数设置和接口电路实现控制方式的变换。其中,速度控制和转矩/力矩控制都是用模拟量来控制的,而位置控制是通过脉冲控制的。就伺服驱动器的响应速度来看,转矩/力矩控制方式运算量最小,驱动器对控制信号的响应最快;位置控制方式运算量最大,驱动器对控制信号的响应最慢。

5.5 直线伺服驱动系统

以直线电动机作为驱动元件的伺服系统称为直流伺服驱动系统。直线电动机是利用电磁感应原理，直接产生直线运动的电磁装置。从结构上看，旋转电动机在顶上沿径向剖开并将圆周拉直，便成了直线电动机，如图 5.28 所示。与旋转电动机相对应，其定子转变为直线电动机的初级，转子转变为直线电动机的次级。在直线电动机的三相绕组中通入三相对称正弦电流后，将产生气隙磁场。直线电动机的基本工作原理与旋转电动机类似。若不考虑由于铁心两端开断而引起的纵向边端效应，这个气隙磁场的分布情况与旋转电动机相似，即沿展开的直线方向呈正弦形分布。当三相电流随时间变化时，气隙磁场将按 U、V、W 相序沿直线移动。与旋转电动机产生的旋转磁场不同，该磁场为平移磁场，称为行波磁场。行波磁场的移动速度与旋转磁场在定子内圆表面上的线速度是相同的，称为同步速度。

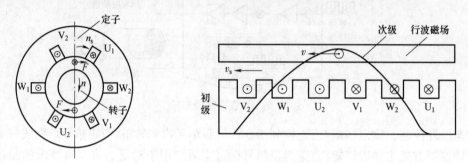

图 5.28 直线电动机的结构演变及其基本工作原理

行波磁场对次级的作用如图 5.29 所示。假定次级为栅形，图中仅画出其中的一根导条。次级导条在行波磁场切割下，产生感应电动势并产生电流。所有导条的电流和气隙磁场相互作用便产生电磁推力。在电磁推力的作用下，如果初级固定不动，那么次级就顺着行波磁场运动的方向做直线运动。若次级移动的速度用 v 表示，转差率用 s（$0<s<1$）表示，则有

$$s=\frac{v_s-v}{v_s}\Rightarrow v=(1-s)v_s \tag{5.15}$$

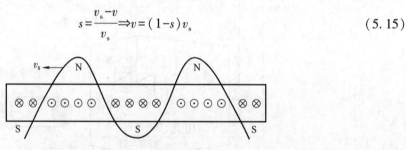

图 5.29 次级导体板中假想导条的感应电流

根据初级、次级的结构形式，直线电动机主要包括扁平形直线电动机、管形直线电动机、弧形直线电动机和盘形直线电动机等。图 5.28 所示为扁平形直线电动机。管形直线电动机结构如图 5.30a 所示，即将扁平形直线电动机沿着与直线运动相垂直的方向卷成管状；盘形直线电动机结构如图 5.30b 所示，即将初级放在次级圆盘靠近外缘的平面上；弧形直线电动机结构如图 5.30c，即将扁平形直线电动机的初级沿运动方向改成弧形，并安放于圆柱形次级的柱面外侧。

进给系统采用直线电动机驱动，省去了从电动机到工作台之间的机械中间传动环节，将机床进给传动链的长度缩短为零，实现了直接驱动，即"零传动"。直线电动机驱动简化了进给机械结构，避免了丝杠传动中的反向间隙、惯性、摩擦力和刚性不足等缺点，引起了机

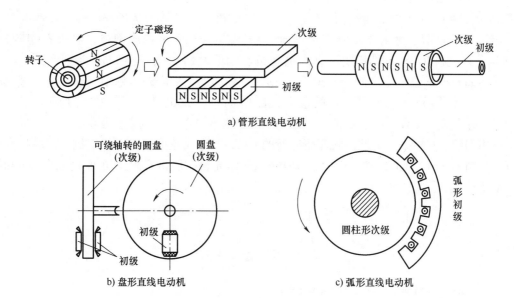

图 5.30　直线电动机的基本构型

床行业传统进给结构方式的变革；同时，先进的电气控制技术使机床的性能指标得到了很大的提高。主要体现在以下几个方面：

1. 高响应

直线伺服采用电气元器件代替响应时间较长的机械传动件（如丝杠等），动态响应时间缩小了几个数量级，使得整个闭环伺服系统动态响应性能大大提高。

2. 高精度

由于省去了丝杠等机械传动机构，因此插补时由传动滞后带来的跟随误差得以减少。利用高精度的直线位移检测元件进行位置检测反馈控制，可大大提高机床的定位精度。

3. 速度快、加减速过程短

机床采用直线电动机，可以满足 $60\sim100\text{m/min}$ 甚至更高的进给速度要求。由于"零传动"的高速响应性，其加减速过程大大缩短，加速度可达 $(2\sim10)g$。

4. 运行噪声低、效率高

由于省去了机械中间传动环节，机械摩擦产生的能量损耗大大减少，导轨副可以采用滚动导轨或无机械接触的磁悬浮导轨，运动噪声低、效率高。

5. 动态刚度高、推力平稳

由于没有中间机械传动环节，机床可获得良好的动态刚度（即在脉冲负载作用下系统保持其位置的能力），可根据机床导轨型面结构及工作台运动受力情况安排直线电动机布局，通常设计成均布对称布局，使其运动推力平稳。

6. 行程长度不受限制、全闭环控制

通过直线电动机初级的铺设，次级的行程长度可无限延长，并且可安装多个工作台。同时，由于初级与机床工作台合二为一，因此只能采用全闭环控制系统。

由上述可知，直线电动机驱动技术已经成为保障高端数控机床性能的关键技术之一。鉴于直线电动机在精度、效率、稳定性等方面的优势，早在 1993 年，德国 EX-cell-o 公司的

XHC240 卧式加工中心首次采用了感应式直线电动机，最高转速为 60m/min，加速度可达 $1g$。1996 年，日本沙迪克公司将直线电动机技术应用于电火花成型机、电火花切割机。1999 年，意大利 JOBS 公司开发出直线电动机驱动的龙门加工中心 LinX 系列产品。法国 Renault Automation 公司生产的 rene20 和 rene25 系列的加工中心，坐标轴运动均利用直线电动机完成。美国 Precitech 公司生产的超精密机床 Nanoform200、Freeform700 等均使用了直线电动机，并形成了工业标准。目前，越来越多的国内科研单位与机床企业将直线电动机驱动技术应用到数控机床上，如北京机床研究所的 CV754L 电火花成型机、北京机电院高技术股份有限公司的 VS1250 立式加工中心、深圳市大族激光科技股份有限公司推出的激光切割机 CLX3015A 等。

思考与练习题

1. 简述数控机床对伺服驱动系统的基本要求。
2. 数控机床中常用的伺服驱动方式包括哪些？
3. 简述步进电动机三相单双六拍的工作过程。试画出三相单三拍、三相单双六拍、三相双三拍通电方式的工作时序波形图。
4. 简述步进电动机恒流斩波驱动电源的工作过程。
5. 试对比直流伺服系统和交流伺服系统的优缺点。
6. 直流伺服电动机的调速方式有哪些？
7. 对于永磁同步交流伺服电动机，其转矩-转速曲线图被划分出不同的工作区域，试简述划分依据及特点。
8. 简述交流伺服电动机交-直-交变频调速过程。
9. 交流伺服电动机伺服单元的工作方式有哪几种？各有什么特点？
10. 简述直线电动机的工作原理。

第6章　数控机床I/O接口

6.1　概述

　　数控机床输入/输出（Input/Output，I/O）接口是实现数控系统对机床本体检测与控制的必要通路，主要用来接收操作面板按钮信号、机床限位信号，并把机床工作状态指示灯信号送到操作面板，把控制数控机床动作的信号送到强电柜。数控机床 I/O 接口是保证数控系统与机床本体间信息快速、正确传送的关键环节。广义上讲，数控机床 I/O 接口不仅负责本地 I/O 信号传递，还负责数控机床与上级计算机或 DNC 计算机直接通信或通过工厂局部网络进行通信。现代数控系统均具有完备的数据传送和通信 I/O 接口。

6.2　数控机床 I/O 信号及接口

6.2.1　数控机床 I/O 信号分类及功能

　　对于数控机床来说，由机床本体向数控系统传送的信号称为输入信号；由数控系统向机床本体传送的信号称为输出信号。数控机床的 I/O 信号大致包括如下几类：

　　（1）开关量 I/O 信号　该类信号主要用于完成机床的开关量辅助功能控制，以及数控系统与机床开关信号的交换。开关量输入信号包括无隔离的直流输入信号、光电隔离的直流输入信号等；开关量输出信号包括晶体管直流输出信号、有触点直流输出信号等。

　　（2）模拟量 I/O 信号　模拟量输入信号主要由测量装置所产生，模拟量输出信号用于控制伺服或主轴驱动的转速。

　　（3）位置反馈输入信号　该类信号包括各数控轴与主轴位置传感器的信号。

　　（4）手轮输入信号　该类信号主要由手摇脉冲发生器产生。

　　（5）通信与网络接口信号　数控系统均具有标准的 RS232C 接口、RS422 远程通信接口和工业以太网口。该类信号主要在以上端口与数控机床间传输。

　　（6）交流输出信号　该类信号主要用于直接控制功率执行器件。

6.2.2　数控机床 I/O 接口功能

　　数控机床 I/O 接口作为 I/O 信号传递的桥梁，其功能可归纳为如下几种：

（1）进行信号的数模转换 当采用模拟量传送时，在数控系统和机床电气设备之间要接入数/模（Analog-to-Digital，A/D）和模/数（Digital-to-Analog，D/A）转换电路。

（2）进行电平转换和功率放大 数控系统输出的控制信号大多是 TTL 电平信号，但是该类信号需要进行必要的电平转换和功率放大，才能用于后续驱动控制电路。

（3）进行必要的电隔离 为防止干扰信号串入以及高压送入对数控系统造成损坏，可在接口板上安置若干个光电耦合器进行光电隔离。

（4）防止信号畸变 信号在传输过程中，由于衰减、噪声和反射等影响会发生畸变，因此要根据信号类别及传输线质量采取一定的措施并限制信号的传输距离。

6.2.3 数控机床 I/O 接口的定义、形式及分类

数控机床"接口"指的是数控系统与机床本体及机床电气设备之间的电气连接部分，如图 6.1 所示。根据 ISO 标准，接口可分为 4 种类型：

第 I 类：数字化总线、光缆等，与驱动命令有关的连接电路。

第 II 类：数控装置与测量系统和测量传感器间的连接电路。

第 III 类：电源及保护电路。

第 IV 类：通/断信号和代码信号的连接电路。

第 I、II 类连接电路传送的信息是数控装置与伺服单元、伺服电动机、位置检测和速度检测器件之间的控制信息，属于数字控制、伺服及其检测器件之间的控制信息。

第 III 类电源及保护电路由数控机床强电线路中的电源控制电路构成。强电线路由电源变压器、控制变压器、断路器、保护开关、接触器、功率继电器、熔断器等连接而成，以便为辅助交流电动机、电磁阀等功率执行元件供电。强电线路不能与在低电压下工作的控制电路或弱电线路直接连接，也就是说不能与在 DC 24V、DC 15V、DC 5V 等电压下工作的继电器逻辑电路、数控系统信号接口电路直接连接，而只能通过熔断器、热动开关、中间继电器等器件转换成在直流低压下工作的触点的开合动作，才能成为数控系统可接收的电信号。反之，由数控系统及其逻辑控制电路来的控制信号，也必须经中间继电器转换成连接到强电线路的触点信号，再由强电线路去驱动功率执行元件工作。

第 IV 类中的通/断信号和代码信号是数控系统与外部传送的输入、输出控制信号。该类信号可在数控系统 NC 端与机床之间直接传送，但大部分情况下是以可编程逻辑控制器（PLC）作为中间媒介。

6.2.4 数控机床 I/O 接口常用器件及电路

I/O 接口器件或接插座的配置形式主要包括：机床操作面板单元模块 I/O 信号插座，I/O 单元电缆插座，I/O 单元扩展模块信号电缆插座，NC 外接 I/O 单元的输入、输出模块信号插座与信号接线端子。

I/O 信号接口原理图的表示方法在不同数控系统和机床厂家的说明书及技术资料中虽有很大差别，但均需满足：表明信号发生器件和信号接收器件的位置；表明信号工作电压的来源和数值；注明信号插座或连接端子的编号。有些接口原理图还需注明输入、输出信号的名称及接口地址等。

在数控机床 I/O 接口电路中，常用的器件有光电耦合器和继电器（如簧式继电器、固

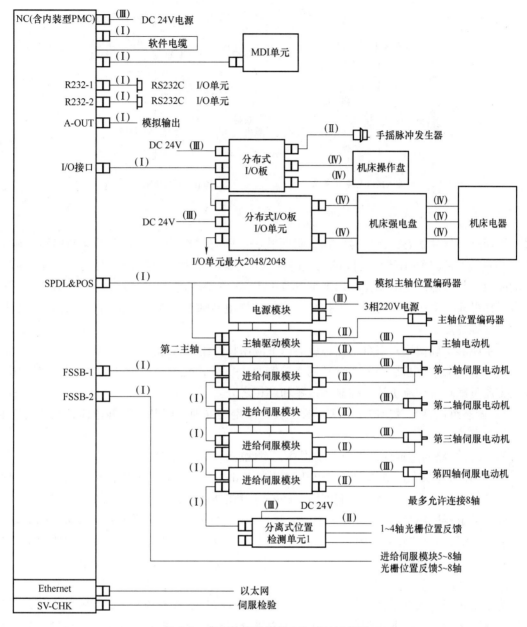

图 6.1　典型数控系统的 I/O 接口连接图

态继电器等)。图 6.2a 所示为开关量信号输入接口电路,常用于限位开关、手持点动、刀具到位、机械原点、传感器等的输入,对于一些有过渡过程的开关量,还要增加适当的电平整形转换电路。图 6.2b 所示为开关量信号输出接口电路,可用于驱动 24V 小型继电器。在这些电路中,要根据信号特点选择具有相应速度、耐压、负载能力的光电耦合器和晶体管。下面介绍几种常用接口器件及其电路原理图。

1. 固态继电器

固态继电器（SSR）是由输入电路、隔离部分和输出电路组成的四端组件。施加触发信

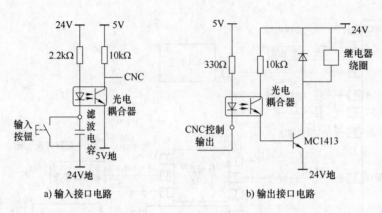

a) 输入接口电路   b) 输出接口电路

图 6.2 开关量信号接口电路

号,则回路呈导通状态;无信号,则呈阻断状态。固态继电器不仅实现了控制回路(输入端)与负载回路(输出端)之间的电气隔离及信号耦合,而且具有小信号对大功率负载的驱动能力。与电磁继电器相比,固态继电器由于是由固态元件组成的无触点开关器件,因而具有工作可靠、寿命长、对外界干扰小、能与逻辑电路兼容、抗干扰能力强、开关速度快、使用方便等特点。

为了能够正确使用固态继电器,应对以下应用特性给予考虑。

1)直流固态继电器(DC SSR)用于控制直流负载,交流固态继电器(AC SSR)用于控制交流负载。对交流负载的控制有过零和调相之分。

2)固态继电器与其他电子开关一样,具有一定的导通压降和阻断漏电流,其值与产品型号规格有关。

3)负载短路易造成固态继电器的损坏,对此应特别给予注意。

4)必须考虑瞬态过电压和断态电压变化率(du/dt)对固态继电器的影响。部分固态继电器产品内部已设置有瞬态抑制网络。必要时可在外部设置适当的瞬态抑制电路。

固态继电器采用逻辑"1"输入驱动。国产的一些固态继电器要求 0.5~20mA 的驱动电流,最小工作电压可为 3V。因此,可以直接由 TTL 电路驱动,如 54/74、54H/74H、54S/74S 等系列。若采用 CMOS(互补金属氧化物半导体)电路,则需要加缓冲驱动器。

2. 光电耦合器及光电隔离电路

为了防止强电系统干扰及其他干扰信号通过 I/O 接口进入数控系统,影响其工作,通常采用光电隔离的方法,即外部信号需经过光电耦合器与数控系统发生联系,外部信号与数控系统无直接电气联系。光电耦合器是一种以光的形式传递信号的器件,其输入端为发光二极管,输出端为光敏器件。如果发光二极管导通发光,光敏器件就受光导通,反之光敏器件截止,这样就通过光电耦合器实现了信息的传递。作为一种应用广泛的 I/O 接口器件,光电耦合器具有如下特点:

1)光电耦合器用光传递信号,因此可以使输入与输出在电气上完全隔离,抗干扰能力强,特别是抗电磁干扰能力强。

2)可用于电位不同的电路间的耦合,即可进行电平转换。

3)传递信号是单方向的,寄生反馈小,传递信号的频带宽。

4）响应速度快，易与逻辑电路配合。

5）无触点，耐冲击，寿命长，可靠性高。

数控机床常用的光电耦合器如图 6.3 所示。图 6.3a 所示为普通的用于信号隔离的光电耦合器，以发光二极管为输入端，以光电晶体管为输出端。这种光电耦合器一般用来传递频率在 100kHz 以下的信号。图 6.3b 所示的光电耦合器，其输出部分采用 PIN 型光电二极管和高速开关管组合的复合结构，因此具有较高的响应速度。图 6.3c 所示的光电耦合器，输出部分由光电晶体管和放大晶体管构成达林顿输出，使其增益得到很大提高，因而可以用来直接驱动继电器等中、小功率的负载。图 6.3d 所示的光电耦合器，其输出部分为光控晶闸管（有单、双向两种形式），常在交流大功率的隔离驱动中使用。

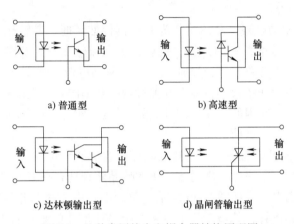

a) 普通型　　b) 高速型　　c) 达林顿输出型　　d) 晶闸管输出型

图 6.3　几种常用的光电耦合器结构原理图

图 6.4 所示为光电耦合器隔离输出电路。图 6.4a 为同相输出电路，图 6.4b 为反相输出电路。控制信号经 74LS05 集电极开路门反向后驱动光电耦合器的输入发光二极管。当控制信号为低电平，74LS05 不吸收电流，发光二极管不导通，从而输出的光电晶体管截止，同相电路输出电压为零，反相电路输出电压为高电平（12V）。当控制信号为高电平，74LS05 吸收电流，发光二极管导通发光，光电晶体管受到激励导通。同相电路输出高电平（接近 12V），反相电路输出电平接近零。

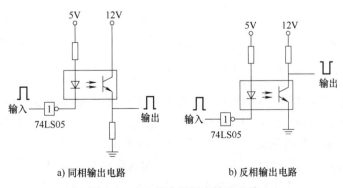

a) 同相输出电路　　b) 反相输出电路

图 6.4　光电耦合器隔离输出电路

上述光电隔离电路具有以下作用：

1）隔离作用。将输入端与输出端两部分电路的地线分开，各自使用一套独立的电源供电，信息经过光电转换后单向传递。另外，由于光电耦合器输入端与输出端之间的绝缘电阻非常大，寄生电容很小，因此干扰信号很难从输出端反馈到输入端，从而较好地隔离了干扰信号。

2）信号电平转换作用。隔离电路通过光电耦合器能很方便地将数控系统或 PLC 输出的低电平直流 5V 信号变成 12V 或 24V 直流信号。

3. 接口驱动电路

数控系统 I/O 接口的驱动能力有限，不足以驱动数控机床的各类负载，必须对 TTL 等逻辑电路输出的电流或电压进行放大，方可驱动有关负载。驱动电路可以采用分立器件组成。常用的接口驱动电路包括功率晶体管驱动电路、达林顿晶体管驱动电路、功率场效应晶体管（VMOS）驱动电路等。

（1）功率晶体管驱动电路　晶体管作为开关器件使用时，其输出电流等于输入电流与增益之积。如果采用较低增益的晶体管，要获得大电流输出，则要求前级提供足够大的电流，这时，需要用集电极开路的缓冲器提供所需的驱动电流，如图 6.5a 所示。开关晶体管在饱和导通或截止状态时功耗很小，但在开关过程中会因同时出现高电压、大电流而使瞬时功耗超过静态功耗几十倍，因此，在使用开关晶体管驱动时，应该保证其电压、电流、静态功耗与瞬时功耗均不超过允许值。

（2）达林顿晶体管驱动电路　采用开关晶体管组成驱动电路时，为了获得足够大的驱动电流，常采用多级放大电路以提高增益。达林顿晶体管具有高输入阻抗和极高增益，因此可以获得比较大的输出电流。如图 6.5b 所示的驱动电路中，功率开关驱动管是由晶体管直接耦合组成的达林顿晶体管，其增益等于原来两个晶体增益的乘积；电阻 R_1、R_2 用于稳定电路的工作状态；续流二极管 VD 起保护达林顿晶体管的作用。

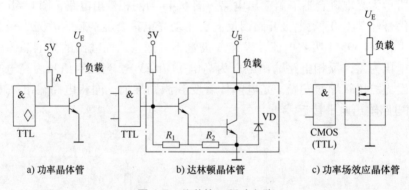

图 6.5　几种接口驱动电路

（3）功率场效应晶体管（VMOS）驱动电路　早期的功率场效应晶体管采用 V 形槽结构，故简称 VMOS 管。现在已采用先进的 T 形槽结构，简称 TMOS 管，但国内仍沿用 VMOS 管的名称。其特点是：具有很高的输入电阻（$10^8\Omega$ 左右），要求的输入功率非常小，可以直接由 TTL、CMOS、运算放大器等器件驱动；开关速度很快，高达 10^{-9}s 级；适合在高速、高频下工作；不会发生二次击穿，有很宽的安全工作区；其源漏电流呈负温度特性，可多管并联工作而不需要均流电阻；线性好，增益高，失真很小。因此，功率场效应晶体管（VMOS）是一种比较理想的功率器件。功率场效应晶体管驱动电路如图 6.5c 所示。除了采用分立器件组成驱动电路外，目前还广泛采用集成驱动器。与由分立器件组成的驱动器相比，集成驱动器具有体积小、可靠性高等优点。

4. 信号转换电路

信号转换电路主要用于数字脉冲转换、D/A 和 A/D 转换、强电控制信号转换等。

（1）数字脉冲转换电路　在以步进电动机为驱动元件的数控装置中，步进电动机的驱动信号为脉冲电平，一般要进行数字脉冲转换。这一转换过程需要按照一定的相序向 I/O 接口分配脉冲序列，脉冲信号经过光电隔离和功率放大后，就可以控制步进电动机按照一定的方向运动。数字脉冲转换接口电路原理如图 6.6 所示。

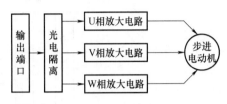

图 6.6　数字脉冲转换接口电路原理图

（2）D/A 和 A/D 转换电路

在数控机床控制的 I/O 接口中，还经常会用到数/模（D/A）和模/数（A/D）转换，用以实现连续模拟信号的输出，或者对数控机床返回的实时连续信号采集、测量。图 6.7 所示为典型的 D/A 和 A/D 转换电路。

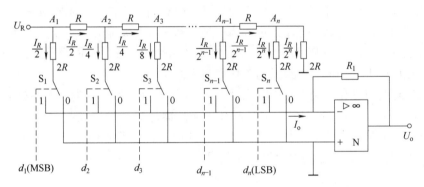

a) T形电阻网络D/A转换电路

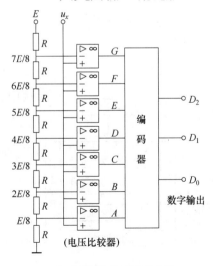

b) 并联比较式A/D转换电路

图 6.7　典型的 D/A 和 A/D 转换电路

（3）强电控制信号转换电路 数控系统所输出的信号一般要经过功率放大后才能控制电动机等执行元件的动作，而这些动作与强电系统有关。图6.8所示为一典型的普通三相交流电动机控制电路框图，数控系统输出端口送出的电动机起停信号，经光电隔离、功率放大等环节后，控制普通三相交流电动机的运转或停止。

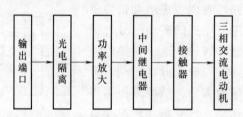

图6.8 三相交流电动机控制电路框图

6.3 数控机床 I/O 的 PLC 控制

可编程逻辑控制器（Programmable Logic Controller，PLC）是20世纪60年代末出现的一种自动化控制装置。随着计算机技术的飞速发展，PLC与先进控制技术有机结合，其控制功能也远超出逻辑控制的范畴，逐步发展成为一种崭新的、功能强大的工业控制器。现代数控系统均具有独立或非独立的PLC控制模块。PLC产品种类繁多，不同品牌不同型号PLC的结构也各不相同，但它们的基本组成与工作原理大同小异。

数控机床作为自动化控制设备，其所受控制可分为两大类：一类是对各数控轴"数字控制"，如运动轨迹插补控制；另一类是对开关功能器件的"顺序控制"，如主轴起停与换向，刀具选择和交换，工件夹紧与松开，液压、冷却、润滑系统的运行等。与"数字控制"相比较，"顺序控制"的对象主要是开关量信号。

6.3.1 PLC 的基本组成

从广义上讲，PLC也是一种工业控制计算机，其组成结构与计算机控制系统十分相似，包括中央处理单元（CPU）、存储器、I/O接口单元、电源、外部设备通信总线等，如图6.9所示。

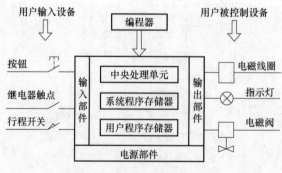

图6.9 PLC 的基本结构组成

1. 中央处理单元

中央处理单元（CPU）是 PLC 的核心部分，它包括微处理器和控制接口电路。微处理器是 PLC 的运算和控制中心，实现逻辑运算、数字运算，协调控制系统内部各部分的工作。其主要任务有：控制从编程器输入的用户程序和数据的接收与存储；用扫描的方式通过 I/O 部件接收现场的状态或数据，并存入输入映像寄存器或数据存储器中；诊断电源、PLC 内部电路的工作故障和编程中的语法错误等；PLC 进入运行状态后，从存储器逐条读取用户指令，经过命令解释后按指令规定的任务进行数据传递、逻辑运算或数字运算等；根据运算结果，更新有关标志位的状态并输出映像寄存器的内容，再经由输出部件实现输出控制、创表打印或数据通信等功能。

PLC 常用的微处理器主要有通用微处理器、单片机、位片式微处理器。一般说来，小型 PLC 大多采用 8 位微处理器或单片机作为 CPU，如 Z80A、8085、8031 等，具有价格低、通用性好等优点。中型 PLC 大多采用 16 位微处理器或单片机作为 CPU，如 8086、96 系列单片机，具有集成度高、运行速度快、可靠性高等优点。大型 PLC 大多采用高速位片处理器，具有灵活性强、速度快、效率高等优点。目前，一些厂家生产的 PLC 还采用了冗余技术，即采用双 CPU 或三 CPU，可使 PLC 平均无故障工作时间达几十万小时以上，进一步提高系统可靠性。

2. 存储器

PLC 中的存储器有系统程序存储器和用户程序存储器。

（1）系统程序存储器　系统程序存储器用于存放 PLC 生产厂家编写的系统程序，并固化在 PROM 或 EPROM 中，用户不能访问和修改。系统程序相当于个人计算机的操作系统，关系到 PLC 的性能。系统程序包括系统监控程序、用户指令解释程序、标准程序模块、系统调用及管理等程序，以及各种系统参数等。

（2）用户程序存储器　用户程序存储器可分为三部分：用户程序区、数据区、参数区。用户程序区用于存放用户经编程器输入的应用程序。为了调试和修改方便，先把用户程序存放在随机存取存储器（RAM）中，经过运行考核、完善，达到设计要求后再将其固化到 EPROM 中。数据区用于存放 PLC 在运行过程中所用到和生成的各种工作数据，包括输入/输出数据映像区、定时器和计数器的预置值和当前值等。参数区主要存放 CPU 的组态数据，如输入/输出 CPU 组态、输入滤波设置、脉冲捕捉、输出表配置、存储区保持范围、模拟电位器设置、高速计数器配置、高速脉冲输出配置、通信组态等的数据。这些数据不断变化，但不需要长久保存，采用 RAM 即可。由于 RAM 是一种挥发性器件，即当供电电源关掉后其存储的内容会丢失，在实际使用中通常为其配备掉电保护电路。

3. I/O 接口单元

I/O 接口单元是 PLC 的 CPU 与现场 I/O 装置或其他外部设备之间的连接接口部件。输入单元将现场的输入信号经过输入单元接口电路的转换，变换为中央处理器能接收和识别的低电压信号；输出单元则将中央处理器输出的低电压信号变换为控制器件所能接收的电压、电流信号，以驱动信号灯、电磁阀、电磁开关等。

PLC 常用的 I/O 接口包括开关量（包括数字量）和模拟量 I/O 两类。典型的模块有：直流开关量输入模块、直流开关量输出模块、交流开关量输入模块、交流开关量输出模块、继电器输出模块、模拟量输入模块和模拟量输出模块等。

为了滤除信号噪声和便于 PLC 内部对信号的处理，输入单元还有滤波、电平转换、信号锁存电路，输出单元也有输出锁存器、显示、电平转换、功率放大电路。

4. 编程器

编程器是 PLC 的重要外部设备，其作用是供用户进行程序的编制、编辑、调试和监视等。编程器有简易型和智能型两类。简易型编程器只能脱机编程，且往往需要将梯形图转化为语句表格式才能送入。智能编程器又称为图形编程器，可以联机或脱机编程，具有 LCD（液晶显示器）或 CRT（阴极射线管）图形显示功能，可直接输入梯形图和通过屏幕对话。

采用个人计算机编程开发系统是现在的发展趋势。在个人计算机上配置硬件接口和专用的编程软件，使用户直接在计算机上以联机或脱机的方式编程，可以运用梯形图、功能图编程，也可以采用助记符指令编程。个人计算机程序开发系统有较强的监控能力和通信能力。

5. 电源单元

电源单元是 PLC 的电源供给部分。它的作用是把外部供应的电源变换成系统内部各单元所需的电源。有的电源单元还向外提供 24V 隔离直流电源、可供开关量输入单元连接的现场无源开关等使用。电源单元还包括掉电保护电路和后备电池电源，以保持 RAM 在外部电源断电后存储的内容不丢失。PLC 的电源一般采用开关式电源，其特点是输入电压范围宽、体积小、质量轻、效率高、抗干扰性能好。

此外，大、中型 PLC 大多还配置有扩展接口和智能 I/O 模块。扩展接口主要用于连接扩展 PLC 单元，从而扩大 PLC 规模。智能 I/O 模块就是其本身含有单独 CPU，能够独立完成某种专用的功能，如计数和位置编码器模块、温度控制模块、阀控制模块和闭环控制模块等。智能 I/O 模块与主 PLC 并行工作，从而大大提高 PLC 的运行速度和效率。

PLC 的基本软件包括系统软件和用户应用软件。系统软件决定 PLC 的功能，一般包括操作系统、语言编译系统、各种功能软件等。操作系统是系统程序的基本部分，统一管理 PLC 的各种资源，协调系统各部分之间、系统与用户之间的关系。操作系统对用户应用程序提供一系列管理手段，以使用户应用程序正确地进入系统并正常工作。用户应用软件大多采用梯形图语言，用于编写 PLC 控制程序。

6.3.2 数控机床 PLC 的类型

目前，数控机床主要采用"内装型"（built-in type）的 PLC 或"独立型"（stand-alone type）的 PLC。

（1）内装型 PLC 内装型 PLC 是指 PLC 集成于数控系统中，属于数控系统不可分割的一部分。PLC 与数控系统间的信号传送在系统内部完成，与数控机床间的信号传送则通过 I/O 接口电路实现，如图 6.10 所示。

内装型 PLC 具有如下特点：

1）性能指标主要由所从属的数控系统的性能、规格来确定。PLC 硬件和软件由数控系统统一设计，具有结构紧凑、适配能力强等优点。

2）与数控系统共用微处理器或具有专用微处理器。前者利用数控系统微处理器的余力来发挥 PLC 的功能，I/O 点数较少；后者由于有独立的 CPU，多用于顺序程序复杂、要求动作速度快的场合。

3）通常与数控系统其他电路装在一个机箱内，共用电源和地线。

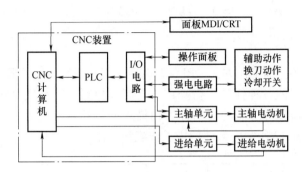

图 6.10 采用内装型 PLC 的数控系统框图

4）PLC 硬件电路可与数控系统其他电路制作在同一块印制电路板上，也可以单独制成附加印制电路板，以供用户选择。

5）对外没有单独配置的 I/O 电路，使用 CNC 系统本身的 I/O 电路。

6）扩大了 CNC 内部直接处理的窗口通信功能，可以使用梯形图编辑和传送高级控制程序，且造价低。

（2）独立型 PLC　独立型 PLC 是完全独立于数控系统之外、能够独立完成规定控制任务的装置，如图 6.11 所示。

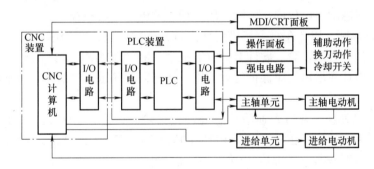

图 6.11 采用独立型 PLC 的数控系统框图

独立型 PLC 具有以下特点：

1）根据数控机床对控制功能的要求，可以灵活选购或自行开发通用型 PLC。一般来说，单机数控设备所需 PLC 的 I/O 点数多在 128 点以下，少数设备在 128 点以上，选用微型和小型 PLC 即可。而大型数控机床、柔性制造单元（FMC）、柔性制造系统（FMS）、工厂自动化系统（FAS）、计算机集成制造系统（CIMS）则选用中型和大型 PLC。

2）需要进行 PLC 与数控系统、与机床的 I/O 连接。PLC 和数控系统均有自己的 I/O 接口电路，需将对应的 I/O 信号的接口电路连接起来。通用型 PLC 一般采用模块化结构，装在插板式笼箱内。I/O 点数可通过 I/O 模块或插板的增减灵活配置，使得 PLC 与数控系统 I/O 信号的连接变得简单。

3）可以扩大数控系统的控制功能。在闭环数控机床中，利用 D/A 和 A/D 转换模块，可以控制坐标运动，从而扩大了数控系统的控制功能。

总体来看，内装型 PLC 主要用于单微处理器的数控系统，而独立型 PLC 主要用于多微处理器的 FMC、FMS、FAS、CIMS 中，具有较强的数据处理、通信和诊断功能。

6.3.3 PLC 的循环扫描工作方式

PLC 一般采用循环扫描工作方式。PLC 上电后，就在系统程序的监控下，周而复始地按一定的顺序对系统内部的各种任务进行查询、判断和执行，其实质是按顺序循环扫描的过程。执行一个循环扫描过程所需的时间称为扫描周期，其典型值为 1~100ms。PLC 在系统软件的指挥下，按图 6.12 所示的循环扫描工作流程工作。

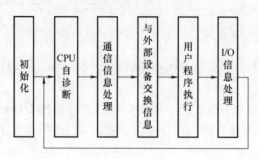

图 6.12 PLC 循环顺序扫描工作流程图

（1）初始化 PLC 上电后，首先进行系统初始化，清除内部继电器区、复位定时器等，并进行自诊断，对电源、PLC 内部电路、用户程序的语法进行检查。

（2）CPU 自诊断 PLC 在每个扫描周期内首先要执行自诊断程序，以确保系统可靠运行，主要包括软件系统的校验、硬件 RAM 的测试、CPU 的测试、总线的动态测试等。如果发现异常现象，PLC 在做出相应保护处理后停止运行，并显示出错信息。否则将继续按顺序执行下面的扫描功能。

（3）通信信息处理 在每个通信信息处理扫描阶段，进行 PLC 之间、PLC 与计算机、PLC 与数控系统之间的信息交换，以及 PLC 与其他带微处理器的智能装置通信；在多处理器系统中，CPU 还要与数字处理器（DPU）交换信息。

（4）与外部设备交换信息 PLC 与外部设备连接时，在每个扫描周期内要与外部设备接口交换信息。这些外部设备有编程器、终端设备、彩色图形显示器、打印机等。编程器是人机交互的设备，用户可以通过它进行程序的编制、编辑、调试和监视等。用户把应用程序输入到 PLC 中，PLC 与编程器进行信息交换。当在线编程、在线修改、在线运行监控时，PLC 也需要与编程器进行信息交换。在每个扫描周期内都要执行此项任务。

（5）用户程序执行 PLC 在运行状态下，每一个扫描周期都要执行用户程序。执行用户程序时，是以扫描的方式按顺序逐句扫描处理的，扫描一条执行一条，并把运算结果存入输出映像区对应位中。

（6）I/O 信息处理 PLC 在运行状态下，每一个扫描周期都要进行 I/O 信息处理。以扫描的方式把外部输入信号的状态存入输入映像区；将运算处理后的结果存入输出映像区，直至传送到外部被控设备。PLC 周而复始地循环扫描，执行上述过程，直至停机。

PLC 的工作过程与 CPU 的操作模式有关。CPU 有两个操作模式，分别为 STOP 模式和 RUN 模式。在扫描周期内，两个模式的主要差别在于：RUN 模式下执行用户程序，而在 STOP 模式下不执行用户程序。下面对 RUN 模式下执行用户程序的过程做详尽讨论，以对

PLC 循环扫描的工作方式有更深入的理解。PLC 对用户程序进行循环扫描可分为三个阶段进行，即输入采样阶段、程序执行阶段和输出刷新阶段，如图 6.13 所示。

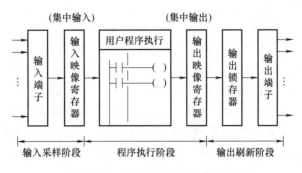

图 6.13　PLC 用户程序工作过程

1. 输入采样阶段

在扫描周期内，PLC 定时将现场的全部有关信息采集到控制器中，通常在扫描周期的开始或结束时进行定时采集，这一阶段称为输入采样阶段。PLC 在输入采样阶段，以扫描方式顺序读入所有输入端的状态，并将此状态存入输入映像区。这是一种集中采样方式，输入映像区的信息供用户程序执行时取用。在程序执行期间，即使外部输入信号状态发生变化，输入映像区的内容也不会改变，这些变化只有到下一个扫描周期的输入采样阶段才被读入。

2. 程序执行阶段

PLC 在程序执行阶段，在无中断或跳转指令的情况下，根据梯形图程序从首地址开始按自左向右、自上而下的顺序，对每条指令逐句进行扫描（即按存储器地址递增的方向进行），扫描一条，执行一条。执行程序时，梯形图中的输入继电器的状态取自于内部输入映像寄存器的状态，并将运算的结果，即输出继电器的状态存放在内部输出映像寄存器中。事实上，CPU 在执行程序的过程中所取用输入、输出信号的数据均取自于输入和输出映像寄存器；CPU 程序执行的结果则写到相应的输出映像寄存器所对应的位（但不是实际输出）。输出映像区的内容将随着程序执行的进程而变化。

PLC 的扫描既可按固定的顺序进行，也可以按用户程序所指定的可变顺序进行。这不仅仅因为有的程序不需要每扫描一次执行一次，也因为在一个大控制系统中需要处理的 I/O 点数较多，通过不同的组织模块安排，采用分时分批扫描执行的办法，可缩短循环扫描的周期和提高控制的实时响应性。

3. 输出刷新阶段

当执行完毕所有指令后，进入输出刷新阶段，CPU 将输出映像区的内容集中转存到输出锁存器中，然后传送到各相应的输出端子，最后驱动实际输出负载，这才是 PLC 的实际输出，这是一种集中输出的方式。用户程序执行过程中，集中采样与集中输出的工作方式是 PLC 的一个特点。在采样期间，将所有输入信号（不管该信号当时是否要用）一起读入，此后在整个程序处理过程中，PLC 系统与外界隔开，直至输出控制信号。在 PLC 一个工作周期中，外界信号状态的变化将不被响应，直至下一个工作周期到来。这样，从根本上提高了系统的抗干扰能力，提高了工作的可靠性。在程序执行阶段，由于输出映像区的内容会随着程序执行的进程而变化，因此，在程序执行过程中，所扫描到的功能经解算后，其结果马上就可被后面将要扫描到的逻辑的解算所利用,从而简化了程序的设计。由于 PLC 采用循环扫描方式,输入、输出延迟响应。在编程中,语句的安排也会影响响应时间。

6.3.4 PLC 控制 I/O 的延迟响应

由于 PLC 采用循环扫描的工作方式,即对信息串行处理的方式,必定导致输入、输出延迟响应。当 PLC 的输入端有一个输入信号发生变化,PLC 输出端对该输入变化做出反应需要一段时间,这段时间就称为响应时间或滞后时间(通常为几十毫秒)。这种现象称为输入、输出延迟响应或滞后现象。对于一般工业控制要求,这种滞后现象是允许的。但是,对那些要求响应时间小于扫描周期的控制系统则不能满足,这时可以使用高速 I/O 单元(如快速响应 I/O 模块)或专门的软件指令(如立即 I/O 指令),通过与扫描周期脱离的方式来解决。

响应时间是设计 PLC 控制系统时应了解的一个非常重要的参数。响应时间与以下因素有关。

1)输入电路滤波时间,它由 *RC* 滤波电路的时间常数决定。改变时间常数可调整输入延迟时间。

2)输出电路的滞后时间,它与输出电路的输出方式有关。继电器输出方式的滞后时间约为 10ms;双向晶闸管输出方式在接通负载时滞后时间约为 1ms,切断负载时滞后时间小于 10ms;晶体管输出方式的滞后时间小于 1ms。

3)PLC 循环扫描的工作方式。

4)PLC 对输入采样、输出刷新的集中处理方式。

5)用户程序中语句的安排。

因素 3、4 是由 PLC 的工作原理决定的,是无法改变的。但有些因素是可以通过恰当选择、合理编程得到改善的。例如,选用晶闸管输出方式或晶体管输出方式可以加快响应速度。

由于 PLC 是周期循环扫描工作方式,因此响应时间与收到输入信号的时刻有关,以下对最短和最长响应时间进行讨论。并对用户程序中语句的安排对响应时间的影响进行分析。

1. 最短响应时间

如果在一个扫描周期结束之前收到一个输入信号,这个输入信导就会在下一扫描周期进入输入采样阶段,使输入更新,这时响应时间最短,如图 6.14 所示。最短响应时间为

最短响应时间=输入延迟时间+一个扫描周期+输出延迟时间

2. 最长响应时间

如果收到的一个输入信号经输入延迟后,刚好错过 I/O 刷新时间,则这个输入信号在该扫描周期内无效,要到下一个扫描周期输入采样阶段才被读入,使输入更新,这时响应时间最长,如图 6.15 所示。最长响应时间为

最长响应时间=两个扫描周期+输出延迟时间

从图 6.15 可见,输入信号至少应持续一个扫描周期的时间,才能保证被系统捕捉到。对于持续时间小于一个扫描周期的窄脉冲,可以通过设置脉冲捕捉功能使系统能够捕捉到输入信号。设置脉冲捕捉功能后,输入端信号的状态变化会被锁存并一直保持到下一个扫描周期的输入刷新阶段。这样,可使一个持续时间很短的窄脉冲信号保持到 CPU 读到为止。

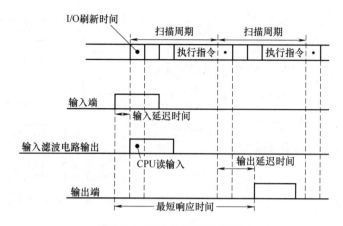

图 6. 14　PLC 的最短响应时间

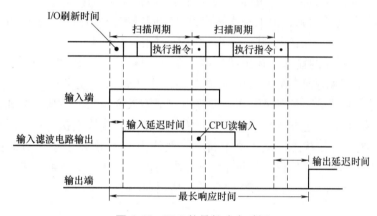

图 6. 15　PLC 的最长响应时间

3. 用户程序中语句的安排影响响应时间

用户程序的语句安排也影响响应时间，从分析图 6.16 所示梯形图中各元件状态的时序图可以看出这一点。图中，输入信号在第 1 周期的程序执行阶段被激励，该输入信号到第 2 周期输入采样阶段才被读入，存入输入映像寄存器 I0.2。然后进入程序执行阶段，由于 I0.2 = 1，Q0.0 被激励为 "1"，Q0.0 = 1 的状态存入输出映像寄存器 Q0.0，同时，位存储器 M2.1 = 1。最后进入输出刷新阶段，将输出寄存器 Q0.0 = 1 的状态转存到输出锁存器，直至输出端子 Q0.0，这是 PLC 的实际输出。位存储器 M2.0 要到第 3 周期才能被激励。这是由于 PLC 执行程序时是按顺序扫描所致。如果将网络 1、网络 2 的位置对调一下，则存储器 M2.0 在第 2 周期也能响应。所以，程序语句的安排影响了响应时间。

PLC 与继电器控制系统对信息的处理方式是不同的：继电器控制系统是 "并行" 处理方式，只要电流形成通路，就可能有几个电器同时动作；而 PLC 是以扫描的方式处理信息，它是顺序地、连续地、循环地逐条执行程序，在任何时刻它都只能执行一条指令，即以 "串行" 处理方式进行工作，因而在考虑 PLC 的输入、输出之间的关系时，应充分注意它的周期扫描工作方式。在用户程序执行阶段，PLC 对输入、输出的处理必须遵守以下规则。

1）输入映像寄存器的内容，由上一扫描周期输入端子的状态决定。

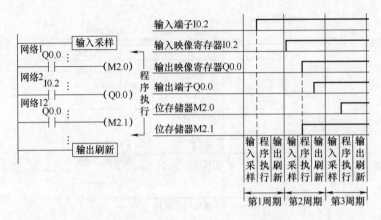

图 6.16 PLC 梯形图及各元件状态时序图

2）输出映像寄存器的状态，由程序执行期间输出指令执行结果决定。

3）输出锁存电路的状态，由上一次输出刷新期间输出映像寄存器的状态决定。

4）输出端子板上各输出端的状态，由输出锁存电路来决定。

5）执行程序时所用的输入、输出状态值，取决于输入、输出映像寄存器的状态。

尽管 PLC 采用周期循环扫描的工作方式，而产生了输入、输出响应滞后的现象，但只要使扫描周期足够短，采样频率足够高，就足以保证输入变量条件不变。即如果在第一个扫描周期内没有捕捉到某一输入变量的状态，只需在第二个扫描周期执行程序时使其存在，就完全符合实际系统的工作状态。从宏观上讲，一般认为 PLC 恢复了系统对被控制变量控制的并行性。扫描周期的长短与程序和每条指令执行时间的长短有关，而后者又与指令的类型和 CPU 的主频（即时钟）有关。一般 PLC 的扫描周期小于 60ms。

6.3.5 数控机床 I/O 的 PLC 控制应用

1. 数控机床中辅助功能的实现

目前，数控机床的控制大致可以分为数字控制和顺序控制两大部分。数字控制部分控制刀具轨迹，而顺序控制部分控制辅助机械动作。数控机床能接收以二、十进制代码表示的 S、T、M 等机械顺序动作信号，经过信号处理，使执行环节做相应的开关动作。

主轴转速 S 功能用 S00（2 位代码）或 S0000（4 位代码）指定。如用 4 位代码，则可用主轴转速直接指定；如用 2 位代码，则应首先制定 2 位代码与主轴转速的对应表，通过 PLC 处理可以比较容易地用 S00（2 位代码）指定主轴转速。如 CNC 装置送出 S 代码（如 2 位代码）进入 PLC，经过电平转换（独立型 PLC）、译码、数据转换、限位控制和 D/A 变换，最后传输给主轴电动机伺服系统。其中，限位控制是当 S 代码对应的转速大于规定的最高转速时，限定在最高转速；当 S 代码对应的转速小于规定的最低速度时，限定在最低转速。为了提高主轴转速的稳定性、增大转矩、调整转速范围，还可增加 1～2 级机械变速档，这可通过 PLC 的 M 代码功能来实现。

刀具功能 T 为加工中心的自动换刀的管理带来了很大的方便。自动换刀控制方式有固定存取换刀方式和随机存取换刀方式，它们分别采用刀套编码制和刀具编码制。刀套编码制的 T 功能处理过程是：CNC 装置送出 T 代码指令给 PLC，PLC 经过译码，在数据表内检索，找到 T 代码指定的新刀号所在的数据表的表地址，并与现行刀号进行判别比较；如不符合，则将刀库回转指令发送给刀库控制系统，直到刀库定位到新刀号位置时，刀库停止回转，并准备换刀。

PLC 完成的 M 功能非常广泛。根据不同的 M 代码，PLC 可控制主轴的正反转及停止、主轴齿轮箱的变速、切削液的开和关、卡盘的夹紧和松开，以及自动换刀装置机械手取刀、归刀等运动。

PLC 给 CNC 装置的信号，主要有机床各坐标基准点信号，M、S、T 功能的应答信号等。PLC 向机床传递的信号，主要是控制机床执行件的执行信号，如电磁铁、接触器、继电器的动作信号，以及反映机床各运动部件状态的信号及故障指示。

机床给 PLC 的信号，主要通过机床操作面板上各开关、按钮等完成，包括机床的起动、停止，机械变速选择，主轴正转、反转、停止，切削液的开、关，各坐标的点动和刀架、夹盘的松开、夹紧等信号，以及上述各部件的限位开关等保护装置信号、主轴伺服保护状态监视信号和伺服系统运行准备信号等。

PLC 与 CNC 装置之间及 PLC 与机床之间的信号数量，主要按数控机床的控制要求设置。几乎所有的机床辅助功能，都可以通过 PLC 来控制。

2. PLC 的程序编制

目前，应用最广泛的 PLC 编程语言是梯形图和语句表（梯形图助记符）。

梯形图编程方法与传统的继电器电路图设计很相似。梯形图是由电路接点和软继电器线圈按一定的逻辑关系构成的梯形电路。这种结构为一般技术人员所熟悉，这也是 PLC 能迅速普及的一个原因。

尽管各厂家的 PLC 各不相同，使用的编程语言也不完全相同，但梯形图的形式与编程方法大同小异。在分析梯形图工作状态时，沿用了继电器电路分析的方法，而流过梯形图的"电流"是一种虚拟电流。梯形图只描述了电路工作的顺序和逻辑关系。另外，继电器电路图采用硬接线方式，而 PLC 梯形图使用的内部继电器、定时/计数器等都是由软件实现的，使用方便，修改灵活，是继电器硬接线方式无法比拟的。

当使用梯形图编制用户程序时，一般都需要用带 CRT 屏幕显示的编程器，如智能型编程器或通用微机。下面以 FANUC PLC 为例简要介绍 PLC 梯形图的编制规则。

1）输入/输出信号及继电器等的名称和记号应易懂、确切，名称长度不超过 8 个字符。第一个字符用字母，P 代表"正"，B 代表"非"，N 代表"负"。

2）梯形图中的继电器一般按其作用来给定符号，字母要大写。

3）当出现 PLC 机床侧输入/输出信号的名称与 CNC 设备连接手册中输入/输出信号名称相同的情况时，应在机床侧的信号名称之后加"M"，以便与 CNC 信号相区别。

4）在梯形图中，通常应标出每个继电器在图形中的地址，用 S＊＊表示，第一个＊是顺序号，除起始顺序号为 1 外，顺序号间隔为 5 或 2，间隔 5 用于继电器线路，间隔 2 用于输入/输出电路；第二个＊是控制功能号，以 A、B、C 等表示，控制功能包括方式控制、主轴控制、旋转控制等。这样，梯形图中各部分功能即一目了然。

5）高级程序写在梯形图的头部，用 END1 作为结束标志；低级程序写在 FND1 后面，用 END2 作为结束标志。

6）为保持某些数据的状态，应将这些数据写入保持性存储器，这些数据包括保持性存储器控制信息。

当采用简易编程器编程时，无法直接用梯形图编制用户程序。为了使编程语言既保持梯形图的简单、直观和易懂的特点，又能采用简易编程器编制用户程序，梯形图的派生语言——语句表应运而生。语句表也称为指令表或编码表。每一条语句包括语句序号（有的称为地址）、操作码（即指令助记符）和数据（参加逻辑运算等操作的软继电器号）。对于不同厂家的 PLC，其指令的表达方法（即指令助记符）不尽相同，在使用时要注意。一般语句表的编写可以根据梯形图逐步写出，也可以直接写出，不一定要有梯形图。对于简易编程器，可以通过其键盘输入语句表，将用户程序送入 PLC；对于智能型或通用微机编程器，则既可直接用梯形图编程，又可用语句表编程。除了以上两种方法外，还可以用控制系统流程图编程。为适应 PLC 的发展，计算机高级语言也已引入到 PLC 的应用程序中来。

数控机床中，PLC 的程序编制是指用户程序的编制。在编制程序时，主要根据被控制对象的控制流程的要求，如 I/O 点数、存储容量、速度、功能等，对所用 PLC 的型号、硬件配置（如 I/O 模板类型等）做出选择。编制用户程序的步骤如下：

（1）编制数控系统 I/O 接口文件　数控系统主要的 I/O 接口文件有 I/O 地址分配表和 PLC 所需数据表，这些文件是设计梯形图程序的基础资料之一。梯形图所用到的数控机床内部和外部信号的地址、名称、传输方向，与功能指令等有关的设定数据，与机床信号有关的电气元器件信息等都反映在 I/O 接口文件中。

（2）设计数控机床的梯形图　设计数控机床的梯形图程序与设计继电器控制电路图的方法相类似。若控制系统比较复杂，可采用"化整为零"的方法，等待一个个控制功能的梯形图设计出来后，再"积零为整"完善相互关系，使设计出的梯形图实现根据控制任务所确定的全部功能。

在设计数控机床的梯形图时，必须记住其与画继电器控制电路图的不同之处，主要有：虽然表面上看很相似，但有本质区别，一个是程序，而另一个是电路图；梯形图所用元器件为"软继电器"类，其触点数可以是无限制的，而由继电器组成的控制电路图中的触点数有一定限制；梯形图中只要标注触点、线圈等编号，连接线不必编号；用户程序执行顺序不同，梯形图是串行的，即按照用户程序规定的顺序执行，而且是从头到尾循环执行，而控制电路图是串并行工作的；梯形图中，不允许有不可编程的回路。

在设计数控机床的梯形图时，还要用大量的开关量输入信号，即用常开触点或常闭触点作为输入信号。设计人员应十分清楚输入信号与梯形图中对应该信号的 1 和 0 状态的关系。若输入信号在输入端用常开触点引入，当触点动作（即闭合）时，则为 1；当触点不动作时，则为 0。若输入信号在输入端用常闭触点引入，当触点动作（即断开）时，则为 0；反之，则为 1。

因此，设计人员首先要熟悉选定了的 PLC 的梯形图编程有关规定，再结合平时编程的经验，同时注意控制电路图与 PLC 梯形图的区别，就能较快地设计出正确的梯形图。正确的梯形图除能满足数控机床（被控对象）的控制要求外，还应具有最小的步数、最短的顺序处理时间和易于理解的逻辑关系。

（3）数控机床的用户程序的调试　编好的数控机床的用户程序需要经过运行调试，以确认其是否满足数控机床控制的要求。一般来说，用户程序要经过"仿真调试"（或称为模拟调试）和"联机调试"合格后，并制作成控制介质，才算编程完毕。

3. 数控机床 I/O 控制应用举例

下面以数控机床的刀库控制为应用案例，进一步说明 PLC 对数控机床 I/O 的控制。数控机床的 T 功能是刀具选择功能。T 功能可以管理刀库，进行自动刀具交换，一般对应两种换刀控制方式有两种编码制，即刀套编码制和刀具编码制。PLC 可以按不同编码制来处理 T 功能。刀套编码制的 T 功能处理流程如图 6.17 所示。

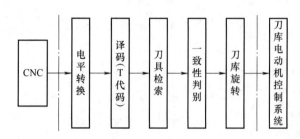

图 6.17　刀套编码制的 T 功能处理流程

从图 6.17 可以看出，数控系统送出 T 代码后均应先进行电平转换，再进行译码，然后进行如刀具检索、一致性判别、刀库旋转等处理过程。因此，所用 PLC 的指令系统中，也就有处理相应过程的指令，如译码指令 DEC、代码转换指令 COD、刀库旋转控制指令 ROT、数据转换指令 DCNV、一致性判别指令 COIN、数据检索指令 DSCH 等。这些指令都是 PLC 的专用指令。

设数控机床有 8 个刀位的刀库，可在加工过程中进行自动换刀，如图 6.18a 所示。为此，需要预先把刀号寄存在数据表中，如图 6.18b 所示。

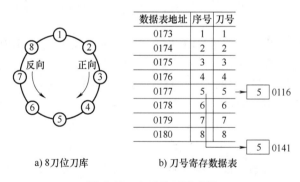

a) 8刀位刀库　　　　b) 刀号寄存数据表

图 6.18　自动换刀示意图

图 6.19 所示为固定存取、自动换刀、寻找刀号控制的梯形图。PLC 在处理 T 代码的过程中，应用了多个功能指令以实现自动换刀控制，具体说明如下：

（1）数据检索指令 DSCH　该指令用来检索 T 代码，它有 3 个控制条件。

控制线 $0^\#$："0"表示处理 2 位 BCD 码数据；"1"表示处理 4 位 BCD 码数据。

控制线 $1^\#$：复位信号 RST，"0"表示 TERR 不复位；"1"表示 TERR 复位。

控制线 $2^\#$：检索控制信号，"0"表示不做处理，对 TERR 不起作用；"1"表示执行检索指令。

DSCH 指令用于在数据表检索指定的数据，若检索"有"，在输出数据地址中存入该数

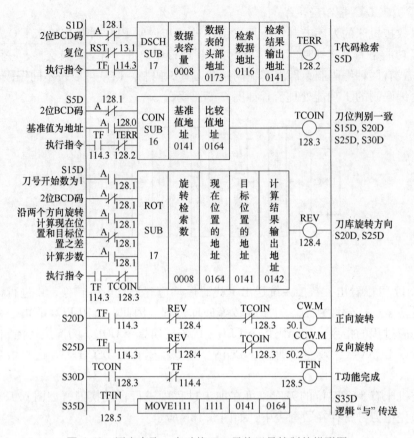

图 6.19 固定存取、自动换刀、寻找刀号控制的梯形图

据表的头部地址，同时输出软继电器 TERR 置 "0"；若未检索出，TERR 为 "1"。

该指令共有如下 4 个预置参数。

参数 1：数据表容量。图 6.18a 所示的自动换刀库共有 8 把刀，建立的刀号寄存数据表有 8 组数据，故本参数设置为 0008。

参数 2：数据表的头部地址。按图 6.18b，这个参数为 0173。

参数 3：检索数据地址。预置参数 3 为 0116。假定数控机床正使用的是 8 号刀，而下一段加工程序要换 5 号刀。检索功能需将 5 号刀从数据表中检索出来，并把刀号 5 以 2 位 BCD 码（00000101）的形式存入 0116 地址单元中。

参数 4：检索结果输出地址。预置参数 4 为 0141。检索功能将检索出来的 5 号刀所在数据表中的序号 5 也以 2 位 BCD 码（00000101）的形式存入 0141 地址单元中。

通电后常闭触点 A 断开，控制线 0# 为 "0" 态，故 DSCH 功能指令按 2 位 BCD 码处理检索数据。当数控系统从 G 代码中读到指令代码信号时，表示要进行自动换刀，将此信息传入 PLC。经延时 80ms 以后，常开触点 TF 闭合，开始执行 DSCH 指令，即由所预置的参数，将刀号 5 存入 0116 地址，将序号 5 存入 0141 地址，同时 TERR 置 "0"。

(2) 刀位一致性判别指令 COIN 该指令用于判别基准值与比较值是否一致。当判别一致时，将输出软继电器 TCOIN 置 "1"；不一致时，则将 TCOIN 置 "0"。

COIN 指令有 3 个控制条件。

控制线 0#："0"表示处理 2 位 BCD 码数据；"1"表示处理 4 位 BCD 码数据。

控制线 1#："0"表示基准值为常数；"1"表示基准值为地址。

控制线 2#："0"表示不进行处理；"1"表示执行 COIN 指令。

在图 6.19 中，COIN 指令处理 2 位 BCD 码。因 A 信号上电状态为"1"，故控制线 2#为"1"。COIN 处理的基准值为地址。

COIN 指令的参数有两个：参数 1 是基准值或基准值的地址，参数 2 是比较值或比较值的地址。本例按地址处理，两个参数分别是 0141 和 0164，其中 0141 地址存放的是新刀序号 5，而 0164 地址存放的是原使用刀的序号 8。

当 TERR 由 DSCH 指令置"0"后，COIN 指令开始执行。因 0141 与 0164 地址内数据不一致，则输出 TCOIN 为"0"，这将起动刀库旋转。

（3）刀库旋转控制指令 ROT 该指令的功能是计算刀库（或转塔）的目标位置和现在位置之间相差的步数或位置，并把它存入计算结果地址，可通过最短路径将刀库（或转塔）转至预期位置。

ROT 指令有 6 个控制条件。

控制线 0#："0"表示刀号开始数为 0；"1"表示刀号开始数为 1。

控制线 1#："0"表示定位数据为 2 位 BCD 码；"1"表示定位数据为 4 位 BCD 码。

控制线 2#："0"表示刀库沿一个方向旋转（CCW）；"1"表示刀库沿两个方向旋转（CW，CCW）⊖。

控制线 3#："0"表示计算现在位置和目标位置之差；"1"表示计算现在位置和目标位置前 1 个位置之差。

控制线 4#："0"表示计算位置号（定位号）；"1"表示计算步数。

控制线 5#："0"表示不进行处理；"1"表示执行 ROT 指令。

软继电器 REV 的状态："0"表示转向为 CW；"1"表示转向为 CCW。转向通过最短路径来决定。

ROT 指令参数也有 4 个，参数 1 为旋转检索数，即旋转定位数，设置为 0008。参数 2 为现在位置的地址。本例所用刀具序号在 0164 地址内，故参数 2 设置为 0164。参数 3 为目标位置地址，本例设置为 0141。参数 4 为计算结果输出地址，本例设置为 0142。

当刀位一致性判别指令执行后，TCOIN 输出为"0"，其常闭触点闭合，TF 此时仍为"1"，故 ROT 指令开始执行。根据 ROT 指令控制条件的设定，计算出刀库现在位置与目标位置相差步数为 3，将此数据存入 0142 地址，并选择出最短旋转路径，使 REV 置"1"，通过 CCW.M 反向旋转继电器，驱动刀库反向旋转 3 步，即找到 5 号刀位。

（4）逻辑"与"后传输指令 MOVE 这条指令的功能是将比较数据与输入数据进行逻辑"与"（AND）运算，把结果存在输出数据地址中。为此，该指令有 4 个参数。参数 1 为比较数据的高 4 位，参数 2 为比较数据的低 4 位，参数 3 为输入数据的地址，参数 4 为输出数据的地址。利用逻辑"与"的功能，可使用该指令对数据的高 4 位或低 4 位进行屏蔽，或者消除数据中的干扰信号。本例使用这条指令是将存于 0141 地址的新刀具序号 5 照原样传送到 0164 地址中，为下次换刀做准备。因此，参数 1 和 2 均设置为"1111"，经与 0141

⊖ CW 为正向旋转，即向刀号增加的方向旋转；CCW 为反向旋转，即向刀号减少的方向旋转。

地址内数据 5 的两位 BCD 码 00000101 进行逻辑 "与" 运算后其值不变，照原样传送到 0164 地址。

当刀库反转 3 步到位后，ROT 指令执行完毕。此时 T 功能完成，信号 TFIN 的常开触点闭合，使 MOVE 指令开始执行，完成数据传送任务。

在下一扫描周期，COIN 刀位一致性判别执行结果，使 TCOIN 置 "1"，切断 ROT 指令及 CCW. M 控制，刀库不再旋转即可进行自动换刀操作，同时给出 TFIN 信号，报告 T 功能已完成。若下一零件加工程序段需另换一把刀，则重复上述操作。

思考与练习题

1. 什么是数控机床 I/O 接口，主要具备哪些功能？

2. 数控机床上常见的 I/O 信号类型有哪些？

3. 根据 ISO 标准，数控机床接口可分为哪 4 种类型？

4. 简述光电耦合器在数控机床 I/O 接口电路中的作用。数控机床上常用的光电耦合器有哪些？

5. 为什么数控机床 I/O 接口要使用接口驱动电路？列举几种数控机床 I/O 接口常用的驱动电路。

6. 可编程序控制器（PLC）有哪些基本组成部分？

7. 数控机床 PLC 有哪些类型？各有什么特点？

8. 简述 PLC 循环扫描的工作过程。

9. 采用 PLC 来控制数控机床 I/O 为什么会产生延迟响应？在 PLC 硬件条件不变的情况下，如何减少 PLC 的延迟？

10. 简述数控机床 PLC 的程序编制步骤。

第7章 总线式数控系统

7.1 概述

　　总线式数控系统是利用现场总线协议将数控装置、驱动装置等各部分有机连接起来形成的现场总线网络式数控系统。现场总线支持数据双向传输，线缆大大简化，具有传输速率高、传输距离远、抗干扰能力强的优点，能够实现较高的实时性和可靠性，可满足数控机床高速、高精度的发展要求。数控系统采用现场总线技术，不仅成为确保开放式数控系统互操作性、可扩展性、可移植性和可伸缩性的重要手段，而且由于数控系统的系统功能可按控制要求重新划分（伺服单元的功能加强、控制器的功能扩展），从而改变了整个系统的结构，提高了系统的控制精度、速度与智能化程度。为此，总线式数控系统代表着数控系统开放化、网络化的未来发展方向。

7.2 现场总线技术

7.2.1 现场总线的基本概念及特点

　　现场总线（Field bus）是一种电气工程及其自动化领域发展起来的工业数据总线。按照国际电工委员会 IEC 61158 标准定义：安装在制造和过程区域的现场装置和控制室内自动控制装置之间的数字式、串行多点通信的数据总线称为现场总线。作为自动化领域中底层数据通信网络的基础，现场总线建立了现场设备间互连通信以及现场设备与高级控制系统之间的信息传递的网络。一般认为现场总线式系统是一种开放式、全数字化、双向、多站的信息系统。现场总线的体系结构如图 7.1 所示，三层网络包括物理层、数据链路层和应用层，其中数据链路层又分为逻辑链路控制（LLC）子层和媒体访问控制（MAC）子层。

　　现场总线的主要技术特点有以下几个方面：

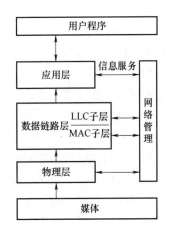

图 7.1　现场总线体系结构

1. 系统开放性

开放性是指相关标准的一致性和公开性，强调对标准的共识和遵从。尽管不同总线开放的程度和难度都有所区别（例如，简单的 I/O 总线开放难度较低，而控制用的系统总线开放难度高），但现场总线控制系统（FCS）较之传统分布式控制系统（DCS），开放程度更高，范围更广，增加了设备之间的互操作性。对用户而言，既提供了更大的产品选择余地，又提供了强大的技术支持群体。

2. 互操作性和互用性

互操作性是指实现互连设备之间、系统间的信息传输与沟通，可实现点对点、一点对多点的数字通信。互用性意味着不同生产厂家的性能类似的设备可以互换、互用。

3. 传输信号数字化

数字信号的准确性是现场总线的一个基本特点。现场总线采用数字信号实现了高速、双向、多变量传输，仪表的标识和简单的诊断信息可一并传送，而不像传统的 $4\sim20mA$ 控制电路只能携带一个信号。数字信号比模拟信号分辨率高，且抗干扰能力强。由于总线上可以挂接多台设备，系统操作站可以读到总线上每台设备的信息，很容易实现对现场设备的诊断和维护。对用户而言，采用现场总线既节省系统开支，又提高了系统的可靠性和有效性。

4. 系统结构的高度分散

现场总线构成一种新的分布式控制系统的体系结构，简化了系统结构，提高了可靠性。

5. 现场设备智能化和功能自治性

现场仪表的智能化使控制过程彻底分散，是现场总线控制系统（FCS）有别于分布式控制系统（DCS）的突出优点。由于内置微处理器，现场智能设备集数据监测、数据处理、控制运算等功能于一体，因此 FCS 把控制彻底下放到工业现场，使"控制分散、危险分散"。FCS 把 DCS 控制站的功能分散地分配给现场智能仪表，从而减轻了控制站的负担，使得控制站可以专用于执行复杂的高层次的控制算法。对于简单的控制应用，甚至可以把控制站取消，在控制站的位置代之以连接现场总线的网桥和集线器，操作站直接与现场仪表相连，从根本上改变了 DCS 集中与分散相结合的体系结构。对整个系统来说，通过现场仪表就可以构成控制电路，实现彻底的分散控制，从而提高系统的可靠性、自治性和灵活性。

6. 对现场环境的适应性

现场总线是专为现场环境工作而设计的，它支持双绞线、同轴电缆、光缆、射频、红外线、电力线等信号传输方式，具有较强的抗干扰能力，能采用两线制实现供电与通信，并可以满足本质安全防爆等要求。

此外，现场总线系统还有结构简化、节省硬件数量与投资、节省安装与维修费用、用户具有高度的系统集成主动权、提高系统的准确性与可靠性等诸多优点。

现场总线自 20 世纪 80 年代产生以来，一直是工业自动化领域发展的技术热点之一，被誉为自动化领域的计算机局域网。鉴于现场总线的技术优势，许多跨国公司根据自身对现场总线的理解和企业的实际需求推出了各自的现场总线。但是，各总线的协议存在较大差异，给系统集成带来了复杂性和不便，影响了开放性和可互操作性。国际电工委员会（IEC）、国际标准协会（ISA）长期致力于现场总线标准化工作，减少现场总线协议的数量，实现单一标准协议，以达到不同产品间的互操作的目的。随着时间的推移，目前国际上较有生命力和影响力的现场总线主要有以下几种：

（1）CAN 总线　CAN 总线是控制器局域网（Controller Area Network）的简称，属于总线式串行通信网络。CAN 总线最早由德国 Bosch 公司提出，用于汽车内部测量与执行部件之间的数据通信。1993 年，该总线规范被国际标准化组织（ISO）制定为国际标准，即面向高速应用的 ISO 11898 和面向低速应用的 ISO 11519。CAN 协议的最大特点是废除了传统的站地址编码，而是对通信数据块进行编码。CAN 总线的信号传输介质为双绞线，其通信速率最高可达 1Mbit/s（传输距离 40m 时），直接传输距离最远可达 10km（传输速率 5kbit/s 时），可挂接设备最多 110 个。鉴于卓越的通信性能，CAN 总线是国际上应用最广泛的现场总线之一。

（2）PROFIBUS　PROFIBUS 即 Process Fieldbus 的缩写，由德国西门子公司 1987 年牵头推出，是一种国际性、开放的现场总线标准，为 IEC 61158 现场总线标准之一。PROFIBUS 根据应用特点分为 3 个兼容部分，即 PROFIBUS-DP、PROFIBUS-PA、PROFIBUS-FMS。PRO-FIBUS-DP 用于设备级分散 I/O 之间的高速通信，传输速率可达 12Mbit/s，一般构成单主站系统，主站、从站间采用循环数据传输方式。PROFIBUS-PA 是 PROFIBUS 的过程自动化的解决方案，将自动控制系统和过程控制系统与现场设备连接起来，代替了 4~20mA 模拟信号传输技术，提高了系统功能和安全可靠性。PROFIBUS-FMS 用于车间级控制器与现场设备之间的中等传输速率通信。PROFIBUS 总线主要应用于制造业自动化、流程工业自动化等领域。

（3）FF 总线　FF 总线的全称为基金会现场总线（Foundation Fieldbus）。FF 总线通信速率分为低速 H1 和高速 H2 两种，其中 H1 的传输速率为 31.25kbit/s，通信距离可到 1900m；H2 的传输速率为 1Mbit/s（通信距离 750m）、2.5Mbit/s（通信距离 500m）。物理传输介质可支持双绞线、光缆和无线发射，协议符合 IEC 61158-2 标准。FF 总线的最大特征就在于它不仅是一种总线，而且是一个网络系统，拥有强大的互操作能力，在过程自动化领域得到广泛支持。

（4）SERCOS 总线　SERCOS（Serial Real-Time Communication System）总线由德国电力电子协会与德国机床协会联合发起制定。SERCOS 是一种用于数字控制器与伺服驱动之间的开放性通信协议，并在驱动控制中展现出优良的实时和同步特性，从而使整个数控系统能够模块化、可重构、可扩展。迄今为止，SERCOS 已发展了三代，是用于开放式运动控制的国际标准（IEC 61491/61158/61784），得到了国际上大多数数控设备供应商的认可。第一代和第二代 SERCOS 网络由一个主站和若干从站（1~254 个伺服、主轴或 PLC）组成，站间最大距离为 80m（塑料光纤）或 250m（玻璃光纤），最大设备数量 254 个，数据传输速率为 2~16Mbit/s。第三代 SERCOS 网络（SERCOS Ⅲ）采用实时以太网技术，不仅降低了组网成本还增加了系统柔性，缩短了最少循环时间（31.25μs），同时提高了同步精度（<20ns），且实现了网络上各站点的直接通信。

（5）Ethernet POWERLINK 总线　Ethernet POWERLINK 总线常被简称为 POWERLINK 总线，是一个具有高实时性的工业以太网解决方案，可有效集成各类工业自动化组件，如 PLC、传感器、I/O 模块、运动控制、安全传感器、执行机构以及 HMI 系统。POWERLINK 通信网络的物理层和数据链路层遵循 Ethernet 通信标准，应用层遵循 CANOpen 通信标准，保证了高速、开放性接口能力。POWERLINK 总线的系统抖动小于 1μs、最小刷新周期为

100μs。POWERLINK 总线协议已被纳入国际标准 IEC 61784-2、IEC 61158-300、IEC 61158-400、IEC 61158-500 和 IEC 61158-600，转化为我国国家标准 GB/T 27960—2011。POWERLINK 是一个适用于实时性要求很高的分布式控制系统的现场总线，包括 CNC 轴控制、机器人多关节同步驱动等。

（6）CC-Link（Control & Communication Link）总线 CC-Link 总线是日本三菱电机株式会社开发的一种开放式现场总线，可以同时处理控制和信息数据的现场网络系统，主要面向以 PLC 为核心的工业控制系统。CC-Link 系统使用屏蔽双绞电缆连接分散分布的 I/O 单元和特殊功能单元，并通过 PLC 的 CPU 对这些单元进行控制。CC-Link 一层网络可由 1 个主站和最多 64 个从站组成，数据传输速率最高可达 10Mbit/s。CC-Link 能够实现减少配线，同时高速传输数据。

7.2.2 现场总线式数控系统结构

总线式数控系统由数控装置、主轴驱动器、伺服驱动器、数字量输入/输出（I/O）单元、系统面板、机床操作面板、数据采集与处理单元等组成，系统结构如图 7.2 所示。数控装置、伺服驱动器、主轴驱动器、I/O 单元等通过现场总线互联互通。从通信角度看，现场总线上的设备可分为主、从端两个通信设备，其中数控装置端的通信设备称为主站，伺服驱动器、主轴驱动器、I/O 单元等功能端的通信设备称为从站。主站的总线接口一般以板卡的形式插入控制器中，从站的总线接口一般直接集成在伺服驱动器或 I/O 硬件上。数控装置的命令通过主站由现场总线发给指定的从站，如驱动器或 I/O 的站点；驱动器或 I/O 的站点响应通过从站由现场总线传给主站。

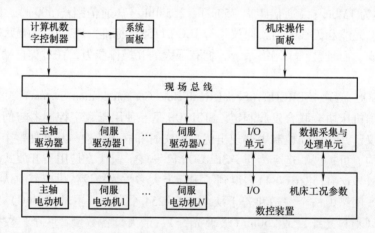

图 7.2 总线式数控系统结构图

对于总线式数控系统，数控装置与驱动装置之间的数据交换实时性与同步性，是决定系统性能的关键。驱动装置通常采用闭环多回路控制结构，以完成所需的位置、速度、电流伺服控制。3 个控制回路通常采用不同的控制周期，例如电流环的控制周期一般为 61.25μs、速度环的控制周期为 125μs、位置环的控制周期为 250μs。为了保证控制效果，数控装置与驱动装置间的通信需满足同步实时的要求：

1）总线传输的实时性。数控装置能够以固定的控制周期（通常为 61.25μs~1ms）向伺服装置发送控制指令。

2）命令执行和状态反馈的同步性。为了达到各坐标轴的同步运动精度要求，各坐标轴在收到命令值之后必须在同一时刻执行位置控制指令，并同时采样当前位置反馈给数控装置。

若数控装置无法通过总线保证与驱动装置间通信的精确同步，则在多轴联动插补过程中将产生较大的轮廓误差。以图 7.3a 所示的 XOY 工作平面内的复杂轮廓插补为例，设系统运算生成的轮廓插补点为 a、b、c，将插补点的插补分量实时发送给各轴伺服驱动器进行单轴运动控制，通过多轴联动合成轮廓轨迹。假设在第 2 个控制周期通信过程中 X 轴和 Y 轴没有精确同步，即点 b 的 X 轴分量 X_b 和 Y 轴分量 Y_b 没有同时生效，则插补点 b 将实际偏移到点 d。若在插补过程中，数控装置向驱动装置发送指令时存在数据丢失，同样会造成轨迹偏差。如图 7.3b 所示，若在第 2 个控制周期通信过程中，插补点 b 的 X 轴分量 X_b 没有正确送达给 X 轴伺服驱动器，X 轴伺服驱动器会保持上一周期的位置值 X_a，则在这一控制周期的实际运动位置将偏移至点 e。

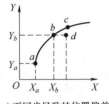 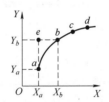

a) 不同步导致的位置偏差　　　　　b) 数据丢失导致的位置偏差

图 7.3　两种典型的总线通信问题

在现场总线环境下，通信延迟可能导致控制系统的采样问题，主要表现为空采样、信息丢失等。空采样是指当控制器的采样信号发出后，采样信息没能立即传送给控制器，造成的数据丢失的现象。这种情况下，控制器不得不使用上次采样的数据。信息丢失是指当一个采样周期内有多个传感器的测量数据到达控制器节点时，只有最近的采样数据被控制器接收，而其他数据则被丢弃的现象。如图 7.4 所示，控制器在第 3 个周期发生了空采样，而在第 4 个周期发生了信息丢失。执行器在第 4个周期未收到控制器的指令，造成在第 5 个周期丢失一条信息。因此，高效实时的数据通信是总线式数控系统能够进行正确运行的重要保证。

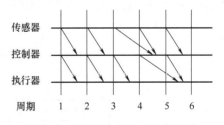

图 7.4　空采样与信息丢失原理图

7.2.3　分布式数控系统的通信方式

分布式数控（Distributed Numerical Control，DNC）也称直接数字控制，DNC 系统将若干台数控设备直接连接在一台中央计算机上，由中央计算机负责数控程序的管理和传送。典型的 DNC 系统结构如图 7.5 所示，主要包括：主机、I/O 接口、通信单元、DNC 接口、NC或 CNC 机床、软件系统（通常包括实时多任务操作系统、数据库管理系统和 DNC 应用软件等)。特别地,中央计算机与数控设备的通信可以通过基于异步串行接口的点对点通信、基于网络的分布式通信以及串口设备联网通信来实现。

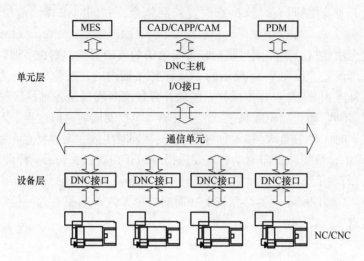

图 7.5 典型的 DNC 系统结构

1. 基于异步串行接口的点对点通信

基于异步串行接口的点对点通信是基于 RS232C/RS422 串口实现的(见图 7.6),属于星形拓扑结构,通信速率一般为 110~9600bit/s,被 DNC 系统最早采用。这种接口通信协议通常分为三层,即物理层、数据链路层和应用层。物理层相当于实际的物理连接,实现通信介质上比特流的传输。数据链路层采用异步通信协议,将数据进行帧格式转换,提交物理层进行服务,对帧进行检错处理后交给应用层。异步协议将字符看作一个独立信息,每个字符在传输数据流中的出现相对任意,字符中各位却以预定的时钟频率传送,即字符内部同步、字符间异步。异步协议的检错主要利用字符中的奇偶校验位。应用层就是具体的报文应答信号层,报文格式往往由控制器厂家自行指定。

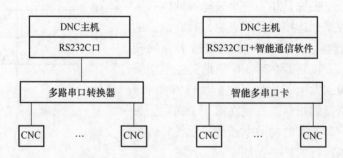

图 7.6 点对点通信的 DNC 系统结构

2. 基于网络的分布式通信

常用的数控系统都配备有网络接口,可以通过局域网的方式实现设备之间的相互连接,典型的局域网 DNC 系统结构如图 7.7 所示。常用的局域网有 MAP(Manufacturing Automation Protocol,制造自动化协议)网、工业以太网(Ethernet)等。MAP 网具有传输速度高、抗干扰能力强、可靠性好、通信距离长、连接设备多等特点,是 DNC 系统通信连接的较好选择。工业以太网是在标准以太网的基础上发展而来的，采用端到端的高速数据交换技术，统一解决了工业网络的纵向分层和横向远程的问题，使信息可以从底层设备、传感器到管理层办公桌面完全集成。

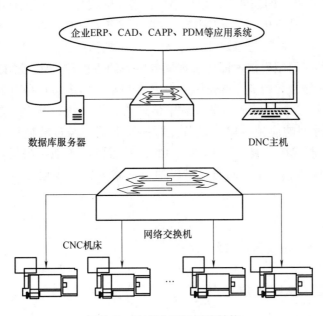

图 7.7　局域网 DNC 系统结构

在 DNC 系统中，现场总线的应用已经非常广泛。现场总线相当于"低层"工业数据总线，在拓扑结构上是总线式（即主从式），在通信方式上各设备间不直接交换数据。例如，CAN 总线凭借着成本低、抗干扰能力强、实时性好等特点，被广泛用于 DNC 系统底层实现设备互连，如图 7.8 所示。

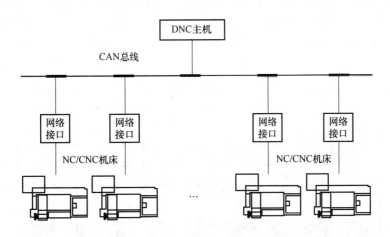

图 7.8　基于 CAN 总线的 DNC 系统结构

3. 串口设备联网通信

串口设备联网通信是一种基于异步串行接口的点对点通信和基于网络的分布式通信并存

的混合通信方式，是目前 DNC 系统的主要模式。这种混合通信方式控制核心就是串口设备联网服务器。上端拥有一个自适应 10Mbit/s 或 100Mbit/s 以太网口，采用双绞线作为传输介质，可以与 IEEE 802.3 局域网相连。下端为多串口接口，可以方便地让传统的 RS232C/422/485 设备立即连入标准的局域网，单台串口设备联网服务器可以连接 1~16 个串口设备。串口设备联网服务器支持主机/驱动程序模式、TCP 服务器、TCP 客户端和 UDP 客户端 4 种操作模式。主机/驱动程序模式是最常用的模式，也是默认的工作模式，在主机扩展虚拟串口，通过使用传统的串口编程技术即可实现局域网中的主机与 CNC 控制器之间的通信。在该模式下，局域网中被授权的节点首先作为 TCP 客户端，向串口设备互联网服务器发出命令请求，再由它将 IP 数据包转换为串口数据传送给数控系统；其次，数控系统执行命令后，通过串口自动返回响应帧至串口设备互联网服务器，经过转换程序处理后，响应帧最终以 IP 数据包的形式在局域网上传送。因此，只需要简单地扩展局域网节点数，就能很方便地新增联网设备、分组。同时，可以通过网络方便地实现远程信息存取、设备管理和配置。

7.3 典型的总线式数控系统

7.3.1 PROFINET 总线式数控系统

PROFINET 由 PROFIBUS 国际组织（PROFIBUS International，PI）推出，是基于工业以太网技术的自动化总线标准。PROFINET 包括以下主要模块：实时通信、分布式现场设备、运动控制、分布式自动化、网络安装、IT 标准、过程自动化、信息安全和故障安全等。

西门子数控系统主要采用 PROFINET 总线，其网络结构如图 7.9 所示。按照控制时序对设备进行控制，其控制实时性可以分为三种：①非实时性控制，响应时间约为 100ms；②软实时（SRT）控制，性能类似于现场总线；③同步实时（IRT）控制，轮询周期<1ms，抖动精度<1μs。对于数控系统中相对独立的控制对象和不同的控制要求，PROFINET 主要采用分时控制策略以及"实时通道—开放通道—实时通道—开放通道"的循环控制模式，如图 7.10 所示，例如开关量接口控制一般采用非实时或软实时方式，而运动控制需采用同步实时方式。

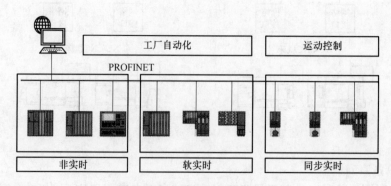

图 7.9　PROFINET 网络结构图

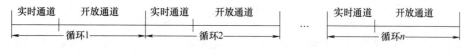

图 7.10　分时控制策略及循环控制模式图

7.3.2　NCUC-Bus 总线式数控系统

　　NCUC-Bus（NC Union of China Field Bus）是我国参照 ISO 通信体系自主提出的一种现场总线。NCUC-Bus 的通信模型包含物理层、数据链路层和应用层，通过主从总线访问控制方式实现各站点间的有序通信，通信参考模型如图 7.11 所示。物理层规定与网络传输介质连接的电气和机械特性，并把数据转化为在通信链路上的传输信号；数据链路层将物理层提供的比特流解析为具有特定意义的数据帧，并完成流量控制、差错控制，实现节点透明、可靠的数据传输。数据链路层的数据帧格式如图 7.12 所示。应用层实现各种应用进程之间的信息交换，为各类总线设备提供访问总线的网络接口。

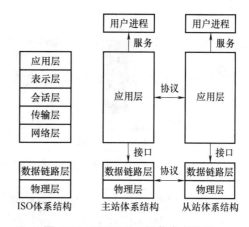

图 7.11　NCUC-Bus 通信参考模型

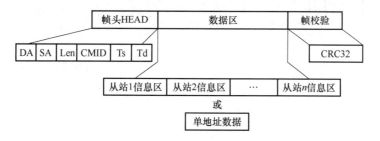

图 7.12　NCUC-Bus 数据链路层的数据帧格式

　　NCUC-Bus 的强实时性、高同步性和高可靠性使其在自动化工业控制领域，尤其是数控领域取得了有效应用。华中 8 型数控系统采用了 NCUC-Bus。基于 NCUC-Bus 的总线式伺服及主轴驱动采用统一的编码器接口，支持 BISS、HIPERFACE、ENDAT2.1/2.2 等串行绝对值编码器通信传输协议。板卡上带有光纤接口，可以通过光纤连接至总线上，实现基于 NCUC-Bus 协议的数据交互。NCUC-Bus 采用动态"飞读飞写"的方式实现数据的上传和下载，保障了通信的实时性；通过延时测量和计算时间戳的方法，保障了通信的同步性；采用重发和双环路的数据冗余机制及 CRC 校验的差错检测机制，保障了通信的可靠性。基于 NCUC-Bus 的数控系统工控机（IPC）单元属于嵌入式工业计算机模块，可以运行 Linux、Windows 操作系统，具备 VGA、USB、RJ45 等 PC 标准接口，可以用于数控装置 HMI、存储器逻辑单元（MLU）及数控系统内部职能模块的控制。

7.3.3　基于以太网的 SSB Ⅲ 总线式数控系统

围绕数控系统对现场总线的同步实时需求，沈阳高精数控公司开发了基于以太网的同步现场总线 SSB Ⅲ，系统总体结构如图 7.13 所示。硬件平台由人机接口单元（HMU）和机床控制单元（MCU）组成，主要为数控装置的命令输入、系统状态显示、联机帮助、交互式编程和机床信息管理等功能提供计算平台，并具有网络化接口；通信中间件实现 HMU、MCU 及相关单元间的数据通信，并支持相关功能的实现；同时支持多种总线的数控系统现场总线。

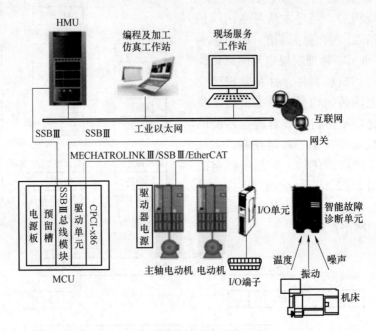

图 7.13　SSB Ⅲ 总线式数控系统总体结构

7.3.4　基于光纤的 GLINK 总线式数控系统

GLINK 总线是大连光洋科技集团有限公司推出的一种支持实时运动控制和逻辑控制的现场总线，能够实现工业控制计算机与数字伺服系统、传感器和 PLC I/O 口之间的实时数据通信，其连接形式如图 7.14 所示。该总线采用通信速率达 100Mbit/s 的以太网物理层，通信速率高，信息吞吐量大。GLINK 总线信号传输介质为多模光纤，原理上克服了应用环境中的电磁干扰，抗干扰能力极强，同时开发了具有严格实时性的数据链路层和网络层，满足了数控系统与伺服驱动器之间数据高速实时同步传输的时序要求，以网络层同步定时为基准的统一时钟校准机制实现了位置环、速度环、电流环的严格同步，提高了进给轴的动态特性及数控系统多轴联动的同步性。GLINK 协议采用主从模式，支持双环网、线形网络拓扑结构，最多支持 32 个设备。GLINK 支持周期性集总帧方式通信，单周期传输时间小于 $33\mu s$，有力地支持高速高精度数控系统必需的高频度周期性控制（周期最小达到 $125\mu s$）。GLINK 具有延时补偿机制，保证设备间指令同步误差小于 $0.2\mu s$，严格保证了各个伺服驱动器执行的同步性，提高了数控系统运动控制的精度。GLINK 具有多次重发容错机制和 CRC 机制，具有高可靠性。GLINK 技术极大地简化了数控系统硬件体系结构，提高了数控系统与伺服系数间的通信带宽，为高速高精度运动控制提供了实时通信技术支撑。

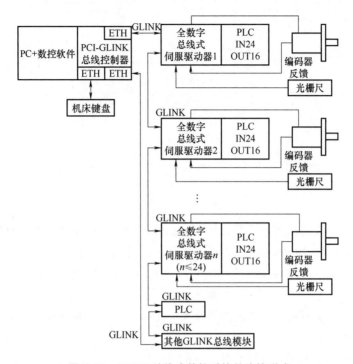

图 7.14　GLINK 总线式数控系统的连接形式

思考与练习题

1. 什么是总线式数控系统？
2. 简述现场总线的基本概念及主要技术特点。
3. 简述工业自动化领域常见的现场总线。
4. 画图说明总线式数控系统的结构。
5. 简述总线式数控系统对数据通信实时性、同步性的主要要求。
6. 简述分布式数控系统的通信方式及主要特点。
7. 介绍 NCUC-Bus 的通信类型，以及基于该总线的伺服驱动的特点。
8. 画图说明基于光纤的总线式数控系统结构。
9. 某厂家计划建立一条小型的无人生产线，主要包括 2 台五轴数控机床、1 台工业机器人、1 台三坐标测量机（CMM）、3 个交换式零件托盘、1 台中央处理器及多个过程传感器，请基于 DNC 通信方式设计无人生产线的控制系统结构。
10. 结合当前"互联网+"工业发展需求，试谈一谈采用总线式数控系统对现代制造业的模式创新、效率提升等方面的影响和作用。

第8章 位置控制与误差补偿

8.1 概述

数控机床的机电伺服控制系统是以机床运动部件的位置和速度为控制对象，实现被控量跟踪指令信号变化的自动控制系统。对于数控机床的进给运动控制，数控轴完整的控制系统包含位置控制环、速度控制环和电流控制环（通常分别简称为位置环、速度环和电流环）。合理选择控制系统类型，恰当调整各控制环节参数，可实现位置的精确控制，完成复杂零件的精密加工。这需要了解被控对象的数学模型，选择合适的控制算法，并掌握控制系统的跟随性能和误差产生机制。

数控机床是由机械本体和数控装置组成的复杂机电一体化系统，在对其数控轴运动进行控制过程中不可避免地存在一些机床误差，如反向间隙误差、螺距误差、热误差等。从源头上抑制机床误差产生，可以通过提高机床本身的设计、制造、安装精度来保证机床精度，但是这对机床制造技术要求极高，且代价昂贵。相比于这种防止误差的思路，误差补偿方法则允许机床误差存在，误差补偿的原理是通过充分辨识、预测误差，采用软件技术人为制造出一种新的误差与当前误差实时抵消，达到提高机床精度的目的。误差补偿技术经济性与有效性的双重优势使其成了数控机床精度提升和保障的关键技术之一。

8.2 位置控制

8.2.1 位控系统结构与建模

1. 位控系统结构

经典的半闭环位控系统结构如图8.1所示，主要由控制部分和机械部分组成。其中，控制部分主要包括位置控制模块、速度控制模块、电流控制模块以及各个模块的反馈信号检测传感器（位置、速度和电流传感器）；机械部分主要由伺服电动机、传动齿轮、滚珠丝杠、联轴器和工作台组成。该位控系统基本工作过程为：数控系统的插补模块按照一定的插补周期计算输出参考位置；基于负反馈闭环控制原理，控制部分的位置控制模块、速度控制模块依次计算出指令速度、指令电流，并经电流控制模块（也称为转矩控制模块）输出转矩信号至伺服电动机；伺服电动机通过传动齿轮、联轴器带动滚珠丝杠旋转，将输出转矩传输至工作台，拖动工作台运动。

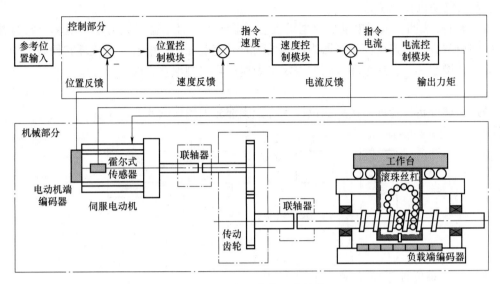

图 8.1 半闭环位控系统结构

位控系统的控制部分主要由位置环、速度环、电流环三环控制结构组成。其中，位置环为三环控制结构中的最外环，包含位置控制模块和位置反馈信号，其通过比较位置反馈与参考位置输入，输出指令速度，使执行件位置与指令位置一致，以保证系统的定位精度；速度环作为三环控制中的中间环节，包含速度控制模块、指令速度和速度反馈信号，可根据位置环指令速度准确、快速地控制电动机的输出速度，使其快速跟踪指令速度的变化，以保证系统的动态性能；电流环作为三环控制结构的最内环，包含电流控制模块、指令电流和电流反馈信号，其作用是根据速度控制模块输出的指令电流准确、快速地控制电动机的输出转矩。

2. 位控系统建模

位控系统建模是实现机床进给轴高速、高精度运动的核心环节。为使位控系统模型方便使用，往往需要根据经典控制理论和实践经验，对位控系统进行合理的近似和简化，然后再建立恰当的数学表达模型，以确定合理的控制策略、恰当的控制器参数。在位控系统反馈控制过程中，控制器根据期望行为与实际系统间的误差决定控制力，使系统实际行为最终达到设定值。在早期采用继电器等硬件作为控制系统时，比例反馈控制原理简单，是使用较为广泛的反馈控制器，也是位控系统建模过程中的主要应用和分析对象。其核心思想是：将当前误差乘以一个比例系数，得到系统下一时刻的输入，当误差大时施加大的作用力，误差小时施加小的作用力，此时系统输出存在稳态误差。

对于比例反馈控制方法，位控系统中的位置环、速度环和电流环各存在一个比例增益。对于位置环，采用位置误差比例反馈控制器，其比例增益为 K_w（也称位置环控制增益）；对于速度环，忽略信号高频干扰、速度滤波器等高阶非线性环节的影响，速度误差比例反馈控制器的比例增益为 K_v；对于电流环，其控制周期远远小于速度环和位置环，传递函数为时间常数极小的一阶惯性环节，则电流环的输入、输出相等，即电流环增益等效为 1。

除此之外，速度环还需要考虑伺服电动机的速度响应。交流伺服电动机矢量调速控制中，交流电动机的输出转矩 T_M 与输入电流 i 成正比，即

$$T_M = K_t i \tag{8.1}$$

式中，K_t 为电动机转矩常数。

式（8.1）表明，伺服电动机模型可视为增益环节，且增益系数为仅与电动机自身性质相关的转矩常数。当速度环控制器为比例控制时，速度环比例增益、电流环和伺服电动机可合并为一个增益环节，这个环节的增益定义为速度环控制增益，即

$$K_v^g = K_t K_v \tag{8.2}$$

经过上述分析，合理简化后的位控系统控制部分框图如图8.2所示。

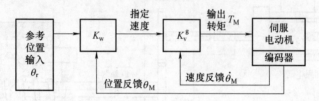

图8.2 合理简化后的位控系统控制部分框图

进一步，对位控系统机械部分进行建模。考虑伺服电动机与传动系统的连接关系，将其简化为双堆模型，如图8.3所示。在该模型中，利用机械传动模块（图中画为弹簧）将电动机的惯性矩和负载的惯性矩进行关联，J_M 为电动机惯性矩，θ_M 为电动机转角，J_L 为工作台负载惯性矩，D_L 为黏性摩擦

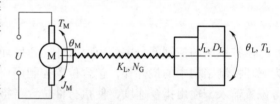

图8.3 位控系统机械部分的双堆模型

系数，K_L 为连接机械部件和电动机轴传动部件的等效刚度，N_G 为传动比，T_M 为电动机输出转矩，T_L 为电动机端负载转矩，θ_L 为负载端输出转角。由于减速传动结构具有成比例增大转矩的作用，即在负载端，当电动机端负载转矩为 T_L 时，负载端的负载转矩为 $N_G T_L$。

首先探讨电动机端受力情况。伺服电动机的输出转矩和负载转矩共同作用于电动机动子，忽略黏滞摩擦力对电动机动子的影响，有

$$J_M \frac{d^2 \theta_M}{dt^2} = T_M - T_L \tag{8.3}$$

其次分析负载端受力情况。综合考虑负载端的负载转矩和阻尼力，负载端的转矩方程为

$$J_L \frac{d^2 \theta_L(t)}{dt^2} = N_G T_L(t) - D_L \frac{d\theta_L(t)}{dt} \tag{8.4}$$

定量分析负载转矩时，将机械传动模块视作等效刚度为 K_L、传动比为 N_G 的传动结构，通过分析传动结构的弹性变量确定负载转矩。经过减速传动结构后，电动机输出角度将变为原来的 $1/N_G$，则负载转矩方程为

$$N_G T_L(t) = K_L \left(\theta_M(t) \frac{1}{N_G} - \theta_L(t) \right) \tag{8.5}$$

求解式（8.5），可获得电动机端负载转矩为

$$T_L(t) = \frac{K_L(\theta_M(t) - N_G \theta_L(t))}{N_G^2} \tag{8.6}$$

　　式（8.6）在时域上描述了位控系统运动规律的数学模型。若给定外作用及初始条件，通过求解微分方程可得系统输出响应的解析解，该方法直观准确，但如果系统的结构改变或某个参数变化，需重新求解微分方程，分析与设计系统极为不便。考虑到传递函数在拉普拉斯变换基础上定义，在复数域中描述了系统的数学模型，不仅可以表征系统的动态特性，还可以研究系统结构或参数变化对系统性能的影响。因此，为方便位控系统控制器的参数选定及误差分析，需将其数学模型转化成传递函数形式。对式（8.3）、式（8.4）和式（8.6）进行拉普拉斯变换，机械部分的双堆模型可以写成

$$\begin{cases} \theta_M(s) = \dfrac{T_M(s) - T_L(s)}{J_M s^2} \\[3mm] \theta_L(s) = \dfrac{N_G}{J_L s^2 + D_L s} T_L(s) \\[3mm] T_L(s) = \dfrac{K_L(\theta_M(s) - N_G \theta_L(s))}{N_G^2} \end{cases} \tag{8.7}$$

　　根据上述简化，位控系统最初的复杂结构可用位置控制中的简单数学模型描述。结合位控系统控制部分框图（见图 8.2）与双堆模型的表达式［式（8.7）］，得到较完整的位控系统控制框图如图 8.4 所示。

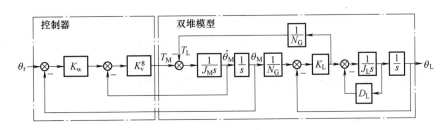

图 8.4　位控系统控制框图

　　由图 8.4 可知，电动机输出转矩 T_M 经过控制器后与参考位置输入 θ_r 的关系为

$$T_M(s) = K_v^g \{ K_w [\theta_r(s) - \theta_M(s)] - s\theta_M(s) \} \tag{8.8}$$

　　为进一步建立指令位置输入等效角 $\theta_r(s)$ 与电动机输出角度 $\theta_M(s)$ 的关系，将式（8.8）代入式（8.6）可得

$$\theta_M(s) = \frac{K_w K_v^g}{J_M s^2 + K_v^g s + K_p K_v^g} \theta_r(s) - \frac{1}{J_M s^2 + K_v^g s + K_w K_v^g} T_L(s) \tag{8.9}$$

　　式（8.9）中，右侧第一项是伺服控制器的转换功能，第二项表达了负载转矩产生的影响。下一步建立指令位置输入等效角 $\theta_r(s)$ 至负载输出等效角 $\theta_L(s)$ 的传递函数。将式（8.6）~式（8.8）代入式（8.9），消除 $\theta_M(s)$、$T_L(s)$ 和 $T_M(s)$，得到从指令位置输入等效角 $\theta_r(s)$ 至负载输出等效角 $\theta_L(s)$ 的传递函数，即位控系统的传递函数，如式（8.10）所示：

$$G(s) = \frac{a_0}{N_G(s^4 + a_3 s^3 + a_2 s^2 + a_1 s + a_0)} \tag{8.10}$$

式中，$a_0 = \dfrac{K_L K_w K_v^g}{J_L J_M}$，$a_1 = \dfrac{K_L K_v^g}{J_L J_M} + \dfrac{D_L K_w K_v^g}{J_L J_M} + \dfrac{D_L K_L}{N_G^2 J_L J_M}$，$a_3 = \dfrac{D_L}{J_L} + \dfrac{K_v^g}{J_M}$，$a_2 = \dfrac{K_L}{J_L} + \dfrac{D_L K_v^g}{J_L J_M} + \dfrac{K_w K_v^g}{J_M} + \dfrac{K_L}{N_G^2 J_M}$。

3. 控制模型合理简化

在大多数位控系统中，机械模块的弹性形变和黏性阻尼产生的影响远小于控制结构和参数引起的影响。因此，为分析控制增益对系统的影响，可将位控系统的被控对象进一步简化为总惯量为 J_T，且无黏性阻尼的形式，简化后的位控系统框图如图 8.5 所示。

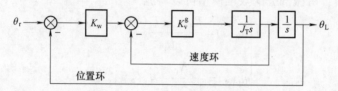

图 8.5 简化后的位控系统框图

根据梅森公式，速度环的传递函数为

$$G_v(s) = \frac{K_v^g / J_T s}{1 + K_v^g / J_T s} \tag{8.11}$$

式中，$G_v(s)$ 为速度环的闭环传递函数，则位控系统的开环传递函数为

$$G_k(s) = K_w \cdot \frac{K_v^g / J_T s}{1 + K_v^g / J_T s} \cdot \frac{1}{s} = \frac{K_w}{s\left(\dfrac{J_T}{K_v^g} s + 1\right)} \tag{8.12}$$

为方便分析，将式（8.12）转化成标准的二阶振荡环节，即

$$\begin{cases} G_k(s) = \dfrac{K_w}{s(Ts+1)} \\ T = \dfrac{J_T}{K_v^g} \end{cases} \tag{8.13}$$

式中，T 为时间常数。速度环控制增益与系统的时间常数 T 成反比，则位控系统闭环传递函数为

$$G_B(s) = \frac{1}{\dfrac{T}{K_w} s^2 + \dfrac{1}{K_w} s + 1} \tag{8.14}$$

4. 比例控制参数调节

在调节控制系统参数时，对于三环控制结构，内环的输出为外环的输入，且内环控制器参数的改变将影响外环的输出响应。因此，控制器参数调节时，需遵循由电流环、速度环、位置环的控制器调节顺序，即应先调节速度环控制增益 K_v^g，再调节位置环控制增益 K_w。在数控机床实际的加工操作中，超调将引起零件过切。因此，调节速度环和位置环的控制器参数时，需遵循无超调原则。

下面介绍比例控制的调节方式。首先输入设定为单位阶跃，由 0 逐渐加大比例增益，直至系统出现振荡；再反过来，从此时的比例增益逐渐减小，直至系统振荡消失，记录此时的比例增益，调节完成。

为验证位控系统比例控制参数调节方法的有效性，根据典型位控系统的主要参数建立位控系统数学模型。其中，系统的总惯量为 $J_T = 12 \times 10^{-3} \text{kg} \cdot \text{m}^2$。根据先内环后外环的调节顺序和保证阶跃响应无超调的调节原则，速度环控制增益为 $K_v^g = 0.984 \text{s}^{-1}$，位置环控制增益为 $K_w = 26.6 \text{s}^{-1}$，控制器调节参数后速度环和位置环的阶跃响应如图 8.6 所示。

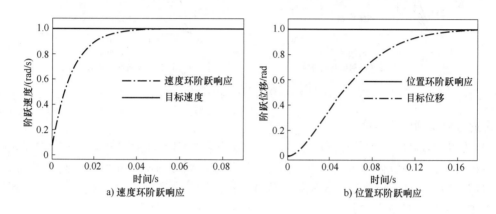

a) 速度环阶跃响应　　　　　　　b) 位置环阶跃响应

图 8.6　比例控制阶跃响应示意图

8.2.2　位控系统跟随误差分析

跟随误差是指在位控系统运动过程中，从开始运动到实际位置的时间段内的位置命令与实际位置的差值。在数控系统的运动加工过程中，各坐标轴常要求随加工形状的不同瞬时启停，控制系统应同时精准地控制各坐标轴的位置与速度，由于系统的稳态和动态特性，影响各轴的协调运动与定位精度，进而产生轮廓与形状误差。因此，需对位控系统的系统特性以及跟随误差进行分析。

1. 位控系统响应特性分析

位控系统的输出响应在过渡过程结束后的变化形态称为稳态。稳态误差为期望的稳态输出量与实际的稳态输出量之差，控制系统的稳态误差越小说明控制精度越高。因此，稳态误差常作为衡量位控系统跟随误差的一项指标。控制系统设计的任务之一，是要在兼顾其他性能指标的情况下，使稳态误差尽可能小或者小于某个容许的限制值。

由式（8.12）和式（8.14）可知，位控系统可视为典型的二阶环节，根据典型二阶振荡环节的特性，其阻尼比与振荡角频率为

$$
\begin{cases}
\zeta = \dfrac{1}{2}\sqrt{1/K_w T} \\
\omega_n = \sqrt{K_w/T}
\end{cases}
\tag{8.15}
$$

伺服系统的时间常数 T 一定时，增加 K_w 可减小阻尼比、提高振荡角频率。如图 8.7a 所示，当 $T = 0.0125\text{s}$ 时，如果位置环控制增益 K_w 超过 20s^{-1}，则位置响应曲线会产生超调。位置环控制增益 K_w 一定时（如 20s^{-1}），增加伺服系统时间常数 T 会振荡角频率变化，从而引起位置响应曲线发生变化。如图 8.7b 所示，当 K_w 为 20s^{-1} 时，如果伺服系统时间常数过大，则位置响应曲线会产生超调。

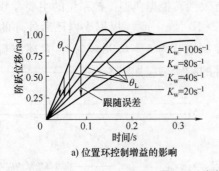

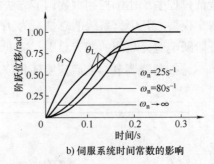

a) 位置环控制增益的影响　　　　b) 伺服系统时间常数的影响

图 **8.7**　定位过程位置响应

由此可以得到以下结论：

1）为得到较高的位置环控制增益（较高的位置环控制增益会明显减小跟随误差，减小过渡过程时间，在后续内容可以看出较高的位置环控制增益对减小轮廓误差是重要的），驱动装置需采用较小的时间常数，否则提高位置环控制增益会产生超调，在数控机床上超调就意味着零件过切，是不允许的。

2）如果选择了速度环控制增益较高的伺服驱动系统，但没有相应地提高位置环控制增益，整个位置控制回路的瞬态响应并不能得到明显的改善。因此，需合理匹配位置环控制增益与伺服系统时间常数。

2. 单轴跟随误差分析

单轴系统的定位误差为

$$E(s) = \theta_{\mathrm{r}}(s) - \theta_{\mathrm{L}}(s) \tag{8.16}$$

跟随误差对输入的传递函数为

$$G_{\mathrm{e}}(s) = \frac{E(s)}{\theta_{\mathrm{r}}(s)} = 1 - \frac{\theta_{\mathrm{L}}(s)}{\theta_{\mathrm{r}}(s)} \tag{8.17}$$

而闭环传递函数为

$$\frac{\theta_{\mathrm{L}}(s)}{\theta_{\mathrm{r}}(s)} = \frac{G_{\mathrm{k}}(s)}{1 + G_{\mathrm{k}}(s)} \tag{8.18}$$

因此有

$$G_{\mathrm{e}}(s) = \frac{1}{1 + G_{\mathrm{k}}(s)} \tag{8.19}$$

当位控系统进行定位时，其相当于阶跃输入，则 $\theta_{\mathrm{r}}(s) = \theta/s$，其中 θ 为参考输入位置。此时位控系统的稳态误差为

$$e(\infty) = \lim_{s \to 0} \frac{s\theta_{\mathrm{r}}(s)}{1 + G_{\mathrm{k}}(s)} = \lim_{s \to 0} \frac{\theta}{1 + G_{\mathrm{k}}(s)} = 0 \tag{8.20}$$

由式（8.20）可知，当位控系统进行定位且稳定不动时，跟随误差为 0。

当位控系统进行恒速运动时，其相当于斜坡输入，则 $\theta_{\mathrm{r}}(s) = v/s^2$，其中，$v$ 为系统的恒速参考输入。此时，位控系统的稳态误差为

$$e(\infty) = \lim_{s \to 0} \frac{s\theta_{\mathrm{r}}(s)}{1 + G_{\mathrm{k}}(s)} = \lim_{s \to 0} \frac{v}{s[1 + G_{\mathrm{k}}(s)]} = \frac{v}{K_{\mathrm{w}}} \tag{8.21}$$

因此，当位控系统以速度 v 做恒速运动时，跟随误差 $E=v/K$。

当位控系统进行匀加速运动时，其相当于抛物线输入，则 $\theta_r(s)=a/s^3$，其中 a 为系统加速度。此时位控系统的稳态误差为

$$e(\infty)=\lim_{s\to0}\frac{s\theta_r(s)}{1+G_k(s)}=\lim_{s\to0}\frac{v}{s^2[1+G_k(s)]}=\infty \tag{8.22}$$

因此，当位控系统以加速度 a 做匀加速运动时，跟随误差 $E=\infty$。

在实际应用中，恒速运动是位控系统最常见的运动模式。因此，在位控系统轮廓误差分析中，将单轴恒速跟随误差作为分析对象。

3. 两轴联动直线插补轮廓误差分析

由于不存在无限大功率的电动机，且驱动对象总存在负载，则跟随误差是无法避免的。因此，需探讨单个轴的跟随误差会对轮廓插补和加工误差产生何种影响。

当数控机床进行 X 轴和 Y 轴直线联动插补时，其 X 轴和 Y 轴分别对应进行恒速运动，如图 8.8 所示。此时轮廓误差 E 与各轴跟随误差 E_X、E_Y 的关系如图 8.9 所示。K_X、K_Y 分别为 X 轴、Y 轴位置环增益。E 为位控系统直线运动时的轮廓误差，$E_X=v_X/K_X$、$E_Y=v_Y/K_Y$，A 为指令位置，B 为由于两轴存在跟随误差导致的实际位置。根据图 8.9 可得

$$E=E_Y\cos\theta-E_X\sin\theta=\frac{v_Y}{K_Y}\frac{v_X}{v}-\frac{v_X}{K_X}\frac{v_Y}{v}$$

$$=\frac{v\cos\theta v\sin\theta}{K_Y v}-\frac{v\sin\theta v\cos\theta}{K_X v}=\frac{v\sin2\theta}{2}\left(\frac{1}{K_Y}-\frac{1}{K_X}\right) \tag{8.23}$$

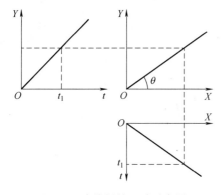

图 8.8　直线插补运动示意图

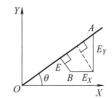

图 8.9　直线插补轮廓误差与跟随误差的关系

由此可见：

1）当 $K_X=K_Y$，即两轴位置环增益相同时，由于两轴的跟随误差相互抵消，所以轮廓误差 $E=0$。

2）当 $\sin2\theta=0$，即 $\theta=0°$ 或 $90°$ 时，$E=0$。其物理意义很明显，即当沿着 X 轴或 Y 轴运动时，不存在轮廓误差。

3）实际系统中很难保证 K_X 与 K_Y 完全相等，由式（8.23）可得

$$E=\frac{v\sin2\theta}{2}\frac{K_X-K_Y}{K_X K_Y} \tag{8.24}$$

只要 K_X 和 K_Y 足够大，所产生的轮廓误差就很小。因此，使两轴位置环控制增益匹配并

尽可能地提高它们是很有必要的。需要注意，这里仅讨论了稳态误差，由于暂态过程在零点几秒内迅速完成，过高的位置环控制增益会对暂态过程产生不利的影响。

4）轮廓误差与数控加工的进给速度成正比。

4. 圆弧插补轮廓误差分析

圆弧插补轮廓误差分析如图 8.10 所示，图中各参数含义如下：R 为工件半径；r 为刀具半径；ε 为圆弧加工误差；v 为切削进给速度；δ_X、δ_Y 为 X 轴和 Y 轴跟随误差；δ_v 为合成跟随误差；α 为 δ_Y 与 δ_v 的夹角；φ 为 OB 与 X 轴的夹角。

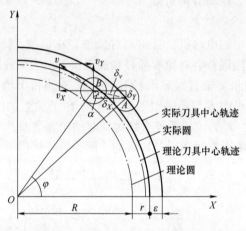

图 8.10 圆弧插补轮廓误差示意图

根据如图 8.10 所示的几何关系可知

$$v_Y = v\cos\varphi, \quad v_X = v\sin\varphi \tag{8.25}$$

因此

$$\delta_X = \frac{v_X}{K_X} = \frac{v\sin\varphi}{K_X}, \quad \delta_Y = \frac{v_Y}{K_Y} = \frac{v\sin\varphi}{K_Y} \tag{8.26}$$

由 $\triangle AOB$ 可得

$$(R+r+\varepsilon)^2 = (R+r)^2 + \delta_v^2 - 2(R+r)\delta_v\cos(90°-\varphi+\alpha) \tag{8.27}$$

因为

$$\delta_v^2 = \delta_X^2 + \delta_Y^2 = v^2\left[\left(\frac{\sin\varphi}{K_X}\right)^2 + \left(\frac{\cos\varphi}{K_Y}\right)^2\right] \tag{8.28}$$

所以

$$(R+r)^2 + 2\varepsilon(R+r) + \varepsilon^2 = (R+r)^2 + \delta_v^2 + 2(R+r)\delta_v\sin(\alpha-\varphi) \tag{8.29}$$

由于 ε 很小，ε^2 为高阶小量，故

$$\varepsilon = \frac{v^2\left[\left(\frac{\sin\varphi}{K_X}\right)^2 + \left(\frac{\cos\varphi}{K_Y}\right)^2\right]}{2(R+r)} + \delta_v\sin\alpha\cos\varphi - \delta_v\cos\alpha\sin\varphi$$

$$= \frac{v^2\left[\left(\frac{\sin\varphi}{K_X}\right)^2 + \left(\frac{\cos\varphi}{K_Y}\right)^2\right]}{2(R+r)} + \delta_X\cos\varphi - \delta_Y\sin\varphi \tag{8.30}$$

因为

$$\delta_X\cos\varphi-\delta_Y\sin\varphi=\frac{v\sin\varphi}{K_X}\cos\varphi-\frac{v\cos\varphi}{K_Y}\sin\varphi=\frac{v\sin2\varphi}{2}\left(\frac{1}{K_X}-\frac{1}{K_Y}\right) \tag{8.31}$$

所以

$$\varepsilon=\frac{v^2\left[\left(\frac{\sin\varphi}{K_X}\right)^2+\left(\frac{\cos\varphi}{K_Y}\right)^2\right]}{2(R+r)}+\frac{v\sin2\varphi}{2}\left(\frac{1}{K_X}-\frac{1}{K_Y}\right) \tag{8.32}$$

分析式（8.32）可以得到如下结论：

1）当 $K_X=K_Y$ 时，式（8.31）可简化为 $\varepsilon=\dfrac{v^2}{2(R+r)K^2}$，其中，$K_X=K_Y=K$。

由此可见，当两轴增益匹配时，所加工出的实际轮廓仍为圆弧，ε 为一恒定值，与 φ 无关，误差在于圆弧半径的大小不同。当加工精度要求较高时，可以通过编程时修正圆弧半径的方法来解决。同时可以看出，ε 与进给速度的平方成正比，与位置环控制增益的平方成反比，因此提高位置环控制增益对减小圆弧加工误差也是很重要的。

2）当 $K_X\neq K_Y$ 时，ε 随着 φ 发生变化，所加工的圆弧将产生形状误差。由式（8.30）可知，当 K_X 与 K_Y 差别不很大时，可忽略第一项中 φ 对 ε 的影响，而第二项与 $\sin2\varphi$ 成正比。因此当 $K_X\neq K_Y$ 时，所加工的圆弧将变成长轴位于 45° 或 135° 处的椭圆，如图 8.11 所示。同时，当 $K_X\neq K_Y$ 时，提高 K_X 和 K_Y 对减小误差 ε 有很大益处。

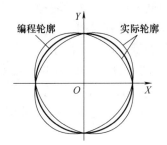

图 8.11　增益不匹配引起的圆弧轮廓误差示意图

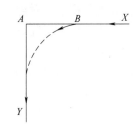

图 8.12　直角加工拐角轮廓误差

5. 拐角误差分析

数控过程中，在两个轮廓（直线或圆弧）的交界处会产生误差，此误差称为拐角轮廓误差。例如，沿着两个正交坐标轴加工拐角为直角的零件（见图 8.12），当 X 轴的位置指令到达后，Y 轴立即开始从零加速至指定速度，但是由于 X 轴指令位置与实际位置之间有滞后量，所以当 Y 轴开始运动时，X 轴尚在 B 点，从而形成了如图 8.12 所示的拐角误差。

当位置环增益较低时，拐角处为一小圆弧，没有超程。当位置环增益较高时，增益越高，拐角处超程越大。

低位置环增益系统时，刀具会走轮廓内部的圆弧路径，若加工外拐角，则会多切去一部分，若加工内拐角，则会出现欠切削现象。高增益系统使拐角处刀具走超出轮廓的鼓包状路径，若加工外拐角会在拐角处留下鼓包，若加工内拐角会出现过切削。

轮廓拐角交接情况较复杂，控制拐角误差需注意以下几点：

1）选取动态性能尽可能好的伺服驱动装置，这样就可以选取较高的位置环增益，而不至于产生超调。

2）如果对拐角误差要求较高，则尽可能降低切削速度，因为跟随误差与切削速度成正比。

3）在精度要求较高的轮廓交接处，加入一条 G04 延时指令，延时数十至数百毫秒，在这段时间里前段轮廓加工时的跟随误差会迅速得以修正。

4）采用尖角过渡指令（有些数控系统的指令为 G07）。此指令通常为模态指令，执行后，数控系统在每个轮廓转接点处，均要检查上个轮廓段的跟随误差是否小于一定的值（该值可由用户在参数区中设置）。只有当跟随误差足够小后，数控系统才会认为该段轮廓进给结束（即到位），下段轮廓的插补进给才能进行。

5）使用位控系统的自动升降速功能有利于在较高的增益时，减小超调量，即使用动态性能较差的驱动装置也可以达到较好的精度。除改善轮廓交接点处的精度外，自动升降速功能还会降低加速度值，从而减小了对机械传动部件的冲击，有利于机床精度的保持。

8.2.3 PID 控制方法

1. PID 控制原理

由跟随误差分析可知，位控系统恒速运动和匀加速运动时，在误差比例控制下不可避免地将产生跟随误差；且过大误差比例增益虽可以一定程度上减小跟随误差，但同时会引发系统振荡，即误差比例控制不能解决系统动态性能和稳态误差的矛盾。为进一步提升伺服系统的性能，可对位控系统进行调整，引入误差微分、误差积分控制。

在误差积分控制中，控制器的输出量是输入量对时间的积累。为消除稳态误差，在控制器中引入积分项。积分项对误差的运算取决于时间的积分，随着时间增加，积分项增大，即使误差很小，积分项也会随着时间的增加而加大，使稳态误差进一步减小，直到等于零。

在误差微分控制中，控制器的输出与输入误差信号的微分（即误差的变化率）成正比关系。其对偏差进行微分运算，能反映系统偏差信号的变化趋势，在偏差信号变化太大之前，在系统中引入一个有效早期修正信号，从而加快系统的动作速度，减少调节时间，提高系统的快速性。

将误差比例控制、误差积分控制和误差微分控制结合在一起，即 PID 控制。PID 控制是指根据误差的比例（Proportional，P）、积分（Integral，I）和微分（Derivative，D）环节进行闭环控制的方法。它是一种"大致"控制方法，不需要被控对象准确的传递函数，鲁棒性强、算法简洁。绝大多数伺服系统都将 PID 控制作为其位置控制的基本算法。

虽然现代控制理论和智能控制已经有了快速发展，PID 控制仍是工业过程中最重要的控制方法。统计结果表明，工业控制中 80% 以上的控制回路仍然采用 PID 控制算法，且大多数为结构更简单的 PI 控制器。PID 控制作为反馈控制的最基本算法，具有控制参数相互独立、结构简单、抗干扰能力强、易于调试、适用面广等特点。

PID 控制算法的表达式为

$$u(t) = K\left[e(t) + \frac{1}{T_i}\int_0^t e(t)\,\mathrm{d}t + T_d\frac{\mathrm{d}e(t)}{\mathrm{d}t}\right]$$

$$= K_p e(t) + K_i\int_0^t e(t)\,\mathrm{d}t + K_d\frac{\mathrm{d}e(t)}{\mathrm{d}t} \tag{8.33}$$

式中，K_p、K_i 和 K_d 分别称为比例系数、积分系数和微分系数。

根据控制工程理论，比例系数 K_p、积分系数 K_i、微分系数 K_d 对闭环响应有着不同的影响，见表 8.1。

表 8.1 比例系数、积分系数、微分系数对闭环响应的影响

参数	稳态性能	动态性能
K_p	可减小静差，提高控制精度；但不能消除静差	系统响应快；数值过大，易超调，引起振荡
K_i	消除静差，提高精度	易导致系统不稳定
K_d	允许比例环节有更大的调节空间，提高精度	降低超调量、缩短系统调节时间；若存在延时环节，系统稳定性降低

2. 位控系统中 PID 控制器参数调节

对图 8.5 所示位控系统中的位置控制器和速度控制器分别调整为 PID 位置控制器和 PID 速度控制器，如图 8.13 所示。

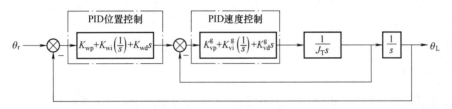

图 8.13 位控系统 PID 控制框图

图中，K_{wp}、K_{wi}、K_{wd} 为位置环 PID 控制器系数，K_{vp}^g、K_{vi}^g、K_{vd}^g 为速度环 PID 控制器系数。

PID 控制器的调节顺序与比例控制方法相同，采取先速度环再位置环的调节顺序，即先调节速度环 PID 控制器增益，再调节位置环 PID 控制器增益，且同样遵循无超调的调节原则。PID 控制器的调节步骤如下所述：

步骤一：确定比例系数 K_p。首先去掉 PID 的积分项和微分项，使 PID 为纯比例控制。输入设定为单位阶跃，由 0 逐渐加大比例系数 K_p，直至系统出现振荡；再反过来，从此时的比例系数 K_p 逐渐减小，直至系统振荡消失，记录此时的比例系数 K_p，设定 PID 控制器的比例系数 K_p 为当前值的 60%～70%。比例系数 K_p 调试完成。

步骤二：确定积分系数 K_i。比例系数 K_p 确定后，设定一个较大的积分时间常数 T_i 的初值，然后逐渐减小 T_i，直至系统出现振荡，之后再反过来，逐渐加大 T_i，直至系统振荡消失。记录此时的 T_i，设定 PID 的积分时间常数 T_i 为当前值的 150%～180%。积分时间常数 T_i 的倒数即为积分系数，积分系数 K_i 调试完成。

步骤三：确定微分系数 K_d。在确定比例系数和积分系数后，由 0 逐渐加大微分系数 K_d，直至系统出现振荡；再反过来，从此时的微分系数 K_d 逐渐减小，直至系统振荡消失，记录此时的微分系数 K_d，设定 PID 控制器的微分系数 K_d 为当前值的 60%～70%。微分系数 K_d 调试完成。

步骤四：系统空载、带载联调，再对 PID 控制器参数进行微调，至满足要求。

为验证上述 PID 控制器参数调试方法的有效性，对位控系统的位置环和速度环采用 PID 控制并与比例控制进行对比，仿真结果如图 8.14 所示。

其中，比例控制的控制增益为 $K_v^g = 0.984\mathrm{s}^{-1}$，$K_w = 26.6\mathrm{s}^{-1}$；PID 控制器中，速度环的系数为 $K_{vp}^g = 1.85\mathrm{s}^{-1}$，$K_{vi}^g = 0.85\mathrm{s}^{-1}$，$K_{vd}^g = 0.0084\mathrm{s}^{-1}$，位置环的系数为 $K_{wp} = 94.5\mathrm{s}^{-1}$，$K_{wi} =$

$32s^{-1}$，$K_{wd}=0.55s^{-1}$。如图 8.14 所示，PID 控制与比例控制相比，在保证无超调的前提下，动态响应精度提升明显。

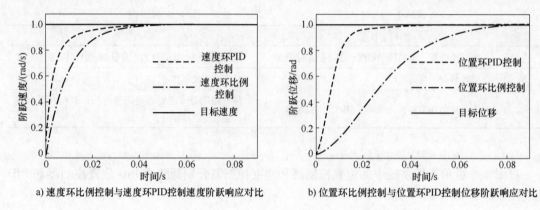

a) 速度环比例控制与速度环PID控制速度阶跃响应对比　　b) 位置环比例控制与位置环PID控制位移阶跃响应对比

图 8.14 比例控制与 PID 控制阶跃响应对比

8.3 误差补偿

误差补偿是指在数控系统中人为地制造出一种新误差去抵消或大大减弱机床原始误差的方法。该方法的基本策略是：通过分析、统计、归纳等措施掌握机床原始误差的特点和规律，建立误差数学模型，尽量使人为制造出的误差和机床原始误差两者的数值相等、方向相反，以提高机床精度。本质上讲，误差补偿是基于"软件"的技术，相对于通过硬件改善机床精度，所需成本要低得多。由此，误差补偿是一种既有效又经济的提高机床精度的手段，已成为数控机床不可或缺的关键技术之一。

根据待补偿的机床误差特点，误差补偿包括离线补偿和在线补偿两种方式。对于静态或准静态机床误差，如几何误差、反向间隙误差等，一般采用离线补偿方式。离线补偿方法将离线测得的离散误差值输入到数控系统中，当机床运动到相应的位置时，数控系统自动调用特定的误差值完成补偿。而对于时变机床误差，如热误差，一般采用在线补偿方式。在线补偿方法一般需实时采集传感器的信息，并通过特定的模型预测当前位置、温度等状态时的误差，并实时补偿该误差。下面介绍几种常见的误差补偿。

8.3.1 反向间隙误差补偿

反向间隙误差是指在机床进给机构运动换向时产生的一种误差。由于机床丝杠、螺母、滚珠的加工及装配存在误差，同时考虑使用过程中滚珠丝杠螺母副相互摩擦，进给机构反向运动时不能立即跟随指令位置运动，由此产生了反向间隙误差。当机床进给机构反向运动时，通过向驱动系统位置环施加反向间隙误差补偿量，使得进给机构瞬间返回并确保滚珠丝杠螺母副紧密接触，之后进给机构继续按指令位置运动，由此消除了电动机空转而进给机构停滞的弊端，从而消除了反向间隙造成的位置误差。

进行反向间隙误差补偿前，首先需要测量反向间隙 D 的大小。图 8.15 所示为反向间隙误差示意图。根据光栅反馈值与位置指令之差或光栅反馈值与编码器反馈值之差获得反向间

隙 D。进给机构正向运动时，存在着 $D/2$ 的跟随误差；工作台负向运动时，存在着 $D/2$ 的跟随误差；反向点处跟随误差的变化量为 D，且误差符号发生变化。

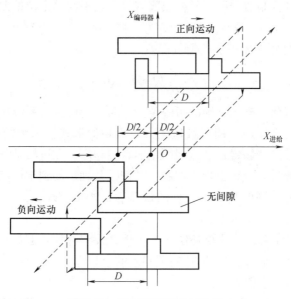

图 8.15　反向间隙误差示意图

　　反向间隙误差补偿过程中，补偿量的符号会在反向点处发生变化，准确判断反向点对于可靠实施误差补偿至关重要。根据数控系统内部提供的位置插补命令可准确判断反向点。如当前插补周期位置命令为 Y_i，上一插补周期位置插补命令为 Y_{i-1}，令 $\Delta Y = Y_i - Y_{i-1}$，若 $\Delta Y > 0$，进给机构正向运动；若 $\Delta Y < 0$，进给机构负向运动；若 $\Delta Y = 0$，按原来方向处理。只有当 ΔY 值的正负号发生变化时，才认为进给机构发生了反向运动，并实施误差补偿。

　　反向间隙补偿前、后两轴联动时轮廓误差结果对比如图 8.16 所示。补偿前两轴联动的轮廓精度较好，而反向间隙的存在导致在进给轴换向时的轮廓误差较大，在反向点处有较大的突变。进行反向间隙补偿后，误差校正量被正确地施加于系统中，相比于补偿前，进给轴的轮廓误差得到明显抑制。

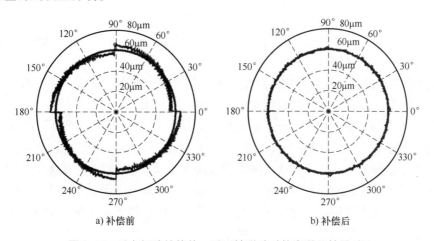

a) 补偿前　　　　　　　　　　　　　　　　b) 补偿后

图 8.16　反向间隙补偿前、后两轴联动时轮廓误差结果对比

8.3.2 螺距误差补偿

螺距误差是指由丝杠制造误差、丝杠热膨胀等因素引起的定位偏差。设丝杠的理论导程为 L，由于制造误差，其实际导程为 L'，ΔL 为丝杠热膨胀引起的导程增加量。当丝杠转过 θ （单位为 rad）后，由螺距误差引起的定位误差为

$$e = \frac{\theta}{2\pi}(L' - L + \Delta L) \tag{8.34}$$

螺距误差补偿是将数控机床某轴的指令位置，与高精度测量系统所测得的实际位置相比较，获得误差曲线，再将该误差曲线数值化并以表格的形式输入数控系统中。主要步骤如下：①安装高精度位移测量装置；②编制简单的数控程序，在进给轴整个行程上对定位点依次定位，所选定位点数目与位置由程序控制；③记录某轴运动到定位点的实际位置，将各点处的误差标出，形成在不同的指令位置处的误差表；④将该表输入数控系统，按此表进行补偿。

以西门子 840D 数控系统的螺距补偿功能为例，设定补偿点起始位置为 a，补偿点终止位置为 b，补偿间隔距离为 c，需要插补的中间点的个数为 n，则 $n = 1 + (b - a)/c$。使用 Sinumerik Operate 操作，具体步骤如下：

1）利用轴参数设置最大补偿点数，数据编号为 MD38000，数据名称为 MM_ENC_COMP_MAX_POINTS。

2）依次按下"调试""NC""丝杠螺距误差"按键，进入"配置"界面。首次配置会提示"该轴没有完成补偿设置！"。按下"轴+""轴-"或"选择轴"按键，选择需要进行补偿的轴。

3）按下"配置"按键，在弹出的补偿表配置界面中，选择"测量系统"，按下"修改配置"按键，设置"起始位置""结束位置"和"支点间距"。完成之后，按下"激活"按键。

4）系统会提示"激活补偿需要重启 NCK！"，按下"确认"按键，重启 NCK，生成补偿空表，完成配置。

5）在"补偿表中的数值"界面，按下"修改数值"按键，将激光干涉仪采集的误差值（带符号绝对差值）按照所对应的点位（坐标点）填写在补偿表格中。

6）填写完成，按下"激活"按键，系统自动激活补偿结果。补偿生效后的数值可在"诊断"→"轴诊断"→"轴信息"界面中查看。

7）需要清除补偿时，可在"修改补偿表配置"界面，按下"删除列表"按键，一键完成补偿数据的清除，系统自动执行数控实时操作系统（NCK）重启。

某数控机床 X 轴螺距误差补偿前、后定位误差结果对比如图 8.17 所示。从图中可以看出，螺距误差补偿效果显著，X 轴定位精度得到大幅提升。螺距误差补偿应注意以下几点：①对重复定位精度较差的轴，因无法准确得到其误差曲线，螺距误差补偿无实际效果；②只有建立机床坐标系后，螺距误差补偿才有意义；③由于机床坐标系是靠返回参考点建立的，因此在误差表中参考点的误差要为零；④须采用比滚珠丝杠精度高至少一个数量级的检测装置来测量误差曲线，一般用激光干涉仪来测量。

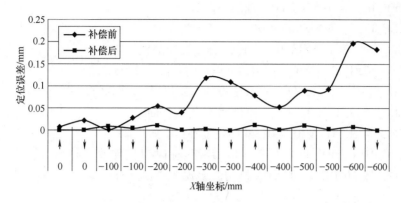

图 8.17 X 轴螺距误差补偿前、后定位误差结果对比

8.3.3 垂度误差补偿

垂度误差是指机床水平移动坐标轴由于部件下垂变形导致的端部位置偏差。以数控落地式镗铣床为例，水平轴（定义为 Z 轴）的滑枕和镗杆在伸出时，端部处于悬空状态，伸出距离越远，端部下垂变形越大，进而影响了机床定位精度。随着现代数控系统补偿功能的发展，利用数控系统的垂度补偿功能，可以高效、经济地补偿滑枕下垂引起的垂度误差。当滑枕水平移动（即 Z 轴移动）时，数控系统会在一个插补周期内计算竖直轴（定义为 Y 轴）上相应的补偿值。因此，垂度误差补偿是一种"坐标轴间的补偿"，其中水平轴称为基础轴、竖直轴称为补偿轴，在数控系统中这两个轴被定义成一种补偿关系。

以西门子 840D 数控系统的垂度补偿为例，首先利用千分表与矩形平尺测量滑枕水平移动时 Y 轴的实际坐标位置，Z 轴作为基础轴，Y 轴作为补偿轴，测得的误差值见表 8.2。

表 8.2 某数控系统滑枕垂度误差表

序号	0	1	2	3	4	5	6	7	8
Z 轴	−2000	−1750	−1500	−1250	−1000	−750	−500	−250	0
Y 轴	0.064	0.050	0.039	0.027	0.020	0.015	0.012	0.010	0.000

根据表 8.2 数据，编辑垂度补偿文件。

```
%_N_NC_CEC_INI；垂度补偿文件头 CHANDATA（1）
$ AN_CEC[0,0]=0.064   ；Z=−2000 时 Y 轴的补偿值
$ AN_CEC[0,1]=0.050   ；Z=−1750 时 Y 轴的补偿值
$ AN_CEC[0,2]=0.039   ；Z=−1500 时 Y 轴的补偿值
$ AN_CEC[0,3]=0.027   ；Z=−1250 时 Y 轴的补偿值
$ AN_CEC[0,4]=0.020   ；Z=−1000 时 Y 轴的补偿值
$ AN_CEC[0,5]=0.015   ；Z=−750 时 Y 轴的补偿值
$ AN_CEC[0,6]=0.012   ；Z=−500 时 Y 轴的补偿值
$ AN_CEC[0,7]=0.010   ；Z=−250 时 Y 轴的补偿值
```

$AN_CEC[0,8]=0$；$Z=0$ 时 Y 轴的补偿值

$AN\_CEC\_INPUT\_AXIS[0]=(Z)$；基础轴为 Z 轴

$AN\_CEC\_OUTPUT\_AXIS[0]=(Y)$；补偿轴为 Y 轴

$AN\_CEC\_STEP[0]=250$ ；相邻补偿点的距离为250mm

$AN\_CEC\_MIN[0]=-2000$ ；补偿点的起始位置为-2000mm

$AN\_CEC\_MAX[0]=0$；补偿点的终止位置为0mm

$AN\_CEC\_DIRECTION[0]=0$；双向垂度补偿有效

$AN\_CEC\_MULT\_BY\_TABLE[0]=0$；补偿表相乘功能无效

$AN\_CEC\_IS\_MODULO[0]=0$；模功能无效（非旋转轴）

M17

保存并激活补偿，数控系统在回参考点后，即可根据表8.2的数据实现滑枕的垂度误差补偿。使用数控系统提供的软件垂度补偿功能，几乎不增加费用即可提高机床精度，满足高精度加工需要。

但数控系统提供的软件补偿功能并不是万能的，软件补偿只能提供固定的补偿值，不能自适应地随负载变化。以落地式镗铣床为例，垂度误差数据通常是在卸载附件之后测量，补偿生效之后，不论使用何种附件，补偿数据固定不变。而落地式镗铣床的附件种类很多，重量差别较大，对滑枕的垂度误差影响很大。为解决这个问题，可采取软硬件相结合的方式，参考数控系统软件分段线性补偿的方法，改良电子液压平衡。

首先，分段测量各附件装载时的垂度误差。其次，将补偿值转换成液压补偿系统的压力给定值。在使用不同附件时，利用PLC读取附件代码，利用西门子数控调试软件NC-VAR读取基础轴的位置，并传送至PLC。由PLC判断何种附件在何位置，并计算该状态下液压补偿系统所需的压力给定值，输出控制伺服阀，以补偿不同附件的垂度误差。再应用数控系统的垂度误差补偿功能，就能很好地解决垂度误差引起的加工误差。引起数控机床垂度误差的因素是多方面的，各因素相互联系。因此，在进行垂度误差补偿时应全面考虑，多种措施并举，才能有效地补偿垂度误差，满足高精度加工需求。

8.3.4 摩擦误差补偿

在电动机驱动进给轴的过程中，电动机输出转矩需克服接触面静摩擦力作用才能确保进给轴正常运动。在电动机输出转矩较小时（如低速工况），虽然数控系统不断向伺服系统发送位置指令，但工作台仍处于停滞状态，由此会产生跟随误差和轮廓误差。以典型的圆周运动为例，某个轴过象限时往往因反向运动存在低速情况，则在相应象限角位置存在明显的圆轮廓偏差，又被称为过象限误差，如图8.18所示。另外，随着电动机输出转矩不断增大，因摩擦力的作

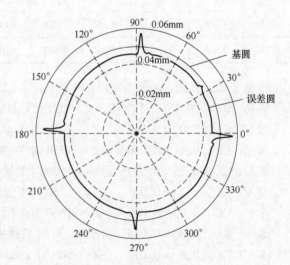

图 8.18 摩擦导致的过象限误差

用被克服，进给轴由静止转为运动，此时系统储存的弹性势能会被瞬间释放，将可能引起系统振荡。

为了减小因摩擦导致的过象限误差，可采用以下几种方法。①减小传动系统接触副之间的摩擦力，如通过配置滚动导轨、液体静压导轨、空气静压导轨或磁悬浮导轨等高性能导轨，降低静摩擦和动摩擦的差异，提高进给系统的动态性能，但是会造成成本的上升。②提高伺服驱动系统位置环、速度环和电流环的比例增益，可以获得较高的伺服刚度，使得摩擦误差能够快速、准确地调整电动机驱动电流，但增益的提高容易引发系统的振荡。除此之外，减小伺服驱动系统各控制环的控制周期也有助于提高系统的快速响应性能，但对硬件性能有较高的要求。③对进给系统进行摩擦误差补偿。基本思想是在进给系统的运动件速度过零处或反向处额外增加电动机的输出转矩，以克服低速状态下静摩擦力的影响，避免运动件低速状态下的停滞现象，从而提高系统的轮廓精度，降低摩擦导致的过象限误差。摩擦误差补偿是降低进给系统过象限误差的经济有效的方法。

为增加低速状态下的电动机输出转矩，可以在控制系统的位置环、速度环、电流环施加补偿量，如图 8.19 所示。在电流环施加电流补偿量可以直接对电动机转矩进行补偿，但由于电流噪声和扰动都比较大，容易引起系统振荡；在位置环施加补偿量对可以位置误差进行控制，但由于位置环周期较大，系统响应速度较慢，其补偿效果并不明显；而在速度环施加补偿量则可以在电流环补偿和位置环补偿间取得较好的折中，要求速度补偿量和补偿时间随加速度而发生变化。

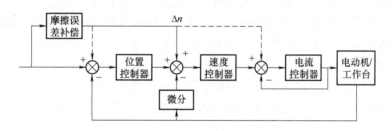

图 8.19　摩擦误差补偿原理

在实际应用中，摩擦误差补偿分为两种方式：恒值摩擦误差补偿和自适应摩擦误差补偿。恒值摩擦误差补偿对补偿模型进行了简化，补偿时间内，补偿量为稳定不变的数值，不随外界条件（包括加速度）的改变而变化。自适应摩擦误差补偿要求加速度在数控机床允许的范围内，补偿量根据加工参数自动变化取得最优值。摩擦误差补偿量随加速度变化曲线如图 8.20 所示，其中，FC_{max} 表示最大补偿量，FC_{min} 表示最小补偿量。若 $0 < a < a_1$，则补偿量为 $\dfrac{a}{a_1} FC_{max}$；若 $a_1 \leq a \leq a_2$，则补偿量为 FC_{max}；若 $a_2 < a < a_3$，则补偿量为 $FC_{max} + \dfrac{(FC_{min} - FC_{max}) a}{a_3 - a_2}$；若 $a \geq a_3$，则补偿量为 FC_{min}。

针对恒值摩擦误差补偿，若其补偿幅值和补偿时间设置不合理，过象限误差也会发生不同程度的变化。因此，需要多次调试以确定较为合适的补偿量和最佳补偿时间。

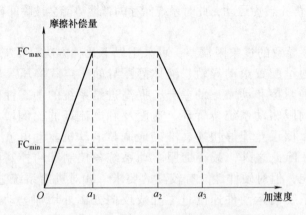

图 8.20 摩擦误差补偿量随加速度变化曲线

8.3.5 热误差补偿

在数控机床使用过程中，由于机床运动产生的摩擦热、切削热、冷却系统引起的热量变化、环境温度变化等因素，床身、立柱、主轴和进给机构等的温度场会不可避免地发生变化，进而引起热误差。在机床的各种误差源中，热误差占数控机床误差总量的 40% ~ 70%。即使机床的静态精度很高，但在使用中由于环境温度变化和运动部件发热等原因，也会导致机床的精度降低。由于机床热误差的存在，在实际生产中存在的问题包括批量零件的废品率高、机床开机后需要热机等，如果对工件精度要求高，还需要建设高成本恒温车间。消除或减小热误差的方法有热误差避免法和热误差补偿法。热误差避免法是试图通过设计和制造的途径消除或减小热误差，如降低机床发热量、阻碍热量传导、改变热平衡结构等。热误差避免法是一种"硬技术"，它虽然能减小机床的热误差，但是经济代价往往很大。实践与分析表明，当机床的精度达到一定程度后，利用热误差避免法减小热误差，花费的成本将呈指数规律增长。热误差补偿法是通过实时监测机床关键热点的温度信息，利用多元回归模型、智能预估模型等计算模型预估当前位置、温度等状态下的进给轴的位置偏差，输入数控系统中，完成补偿。

近年来，热误差补偿实施主要有两种不同的策略：反馈中断策略（又称为反馈干涉策略）和原点平移策略。

1. 反馈中断策略

反馈中断策略是将相位信号插入伺服系统的反馈环中实现误差补偿的。反馈中断策略的补偿原理如图 8.21 所示，补偿用计算机获取编码器的反馈信号，同时，该计算机还根据误差运动综合数学模型计算机床的空间误差，将等同于空间误差的脉冲信号与编码器信号相加减，伺服系统再据此实时调节机床工作台的位置。

反馈中断策略的优点是无须改变 CNC 软件，可用于任何 CNC 机床，包括一些具有机床运动副位置反馈装置的老型号 CNC 机床。然而，该技术需要特殊的电子装置将相位信号插入伺服环中。这种插入有时是非常复杂的，需要特别小心，以免插入信号与机床本身的反馈信号相干涉。

反馈中断策略的补偿控制系统主要由微处理器（分析、计算、补偿单元）结合机床控

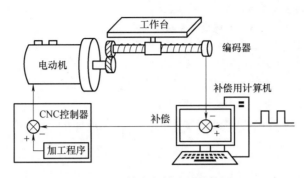

图 8.21　反馈中断策略的补偿原理

制器构成。首先，通过布置在机床上的温度传感器实时采集机床的温度信号，并通过 A/D 板和 I/O 口把它送入微处理器；同时，通过机床编码器实时采集机床工作台的运动位置信号并通过 I/O 口把它送入微处理器，根据误差模型计算出瞬时误差值；然后，把补偿值（误差值的相反数）与机床编码器信号叠加后送入机床控制器，机床控制器据此实施对机床下一步运动的控制。这样，修正编码器输出信号（加入补偿信号），而无须改变数控机床控制器内部原先的数控程序，便可使数控机床在加工过程中实现系统补偿。该过程在某种程度上是一种对编码器功能的扩展改良（相当于带补偿功能的编码器），可以适用于绝大多数类型的数控系统。

2. 原点平移策略

原点平移策略的补偿原理如图 8.22 所示。补偿用计算机或补偿系统计算机床的位置误差，这些误差量作为补偿信号通过 I/O 口送至 CNC 控制器，利用数控系统中的外部坐标系原点偏移功能，将补偿信号再加到伺服环的控制信号中以实现误差量的补偿。这种补偿既不影响坐标值，也不影响 CNC 控制器上执行的工件程序。对操作者而言，该方法是不可见的。

原点平移策略需要数控系统提供外部机床

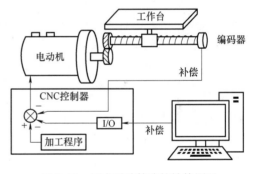

图 8.22　原点平移策略的补偿原理

坐标系偏移功能，该功能可将机床误差通过外部机床坐标系的偏置（原点平移）加到位置控制信号中而实现机床误差的实时补偿。原点平移策略不需要修改数控指令及数控系统的软硬件，只需要在 PLC 单元上增加相应的数据交互程序代码，对原有系统不产生任何影响。补偿具有很好的实时性，通过对误差模型的优化和修改，补偿变得更加灵活、方便和有效。

思考与练习题

1. 绘制数控机床半闭环位控系统控制框图。
2. 什么是跟随误差？简述该误差产生的原因。
3. 为什么直线和圆弧插补运动中存在轮廓误差？

4. 在数控系统中如何有效减小直角加工拐角轮廓误差？

5. 什么是 PID 控制？试说明各参数调整对控制效果的影响。

6. 数控机床的主要误差源有哪些？

7. 什么是数控机床的误差补偿？

8. 简述间隙误差和垂度误差产生的原因。如何实施补偿？

9. 简述数控机床热误差产生的原因及其补偿策略。

10. 对于以 5 轴数控机床为代表的高端多轴机床，如何有效提高多轴联动空间位置精度？试通过文献查阅和分析，给予回答。

第9章　数控机床结构及关键功能部件

9.1　概述

数控机床的机械本体是机床功能和性能的基础保障，其主要由基础件和关键功能部件构成，具体包含以下几部分：

（1）**基础件**　基础件包括床身、立柱、滑座、工作台等，是支承机床的主要部件，需使其在静止或运动中保持相对正确的位置。

（2）**主轴系统**　其功能是将驱动装置的运动及动力传给执行件，以实现主切削运动。

（3）**进给系统**　其功能是将伺服驱动装置的运动与动力传给执行件，以实现直线和回转进给运动，包括传动件（丝杠、导轨等）及进给运动执行件（工作台、刀架）等。

（4）**辅助装置**　辅助装置视数控机床的不同而异，如自动换刀系统、液压气动系统、润滑冷却装置等。

9.2　数控机床基本结构与材料

9.2.1　数控机床结构形式

数控机床结构形式简称为机床构型，是数控机床设计首要关注的核心问题之一。参照机械机构学相关机构分类依据，机床构型可分为串联式机床、并联式机床及串-并混联式机床。

1. 串联式机床结构

传统的数控机床可以看作是一个空间串联机构，各数控轴通过运动学串联实现加工操作。图 9.1 为典型的三轴和五轴串联式机床结构示意图。以 FXYZ 型三轴机床为例（见图 9.1a），从基座（床身）至末端运动部件经过床身→滑座→立柱→主轴箱的先后顺序，逐级串联。因此，当滑座在床身上做 X 向运动时，滑座上的 Y 轴和立柱上的 Z 轴也做了相应的空间运动，也即后置的轴必须随同前置的轴一起运动，这无疑增加了 X 轴运动部件的质量。同时，加工时主轴上刀具所受的切削反力也依次传递给立柱、滑座，最终传递至床身。运动链前端构件不但要额外负担后端构件的重力（重量），而且还要承受切削力的反作用。

传统的串联式机床结构往往具有结构刚性好、运动空间大、控制简单等优点，但也存在一些不足：部件多、结构复杂，大型部件的模块化程度低；刀具的空间位置误差通常为各运

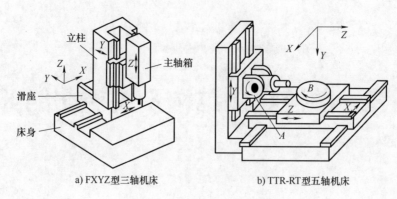

a) FXYZ型三轴机床　　b) TTR-RT型五轴机床

图 9.1 典型的串联式机床结构

动坐标误差的线性累加；各运动轴之间按串联布置，某一轴运动需要带动其上的所有轴运动，导致运动质量大，制约了进给速度和加速度的提高；机床的横梁、立柱等部件往往承受弯曲载荷，而弯曲载荷一般要比拉压载荷造成更大的应力和变形，必须采用大截面的结构支承件和运动部件以提高机床刚性；当机床运动自由度增多时，需增加相应的串联运动链，机床的机械结构则变得更为复杂。

2. 并联式机床结构

并联式机床（Parallel Machine Tool，PMT）又称为并联运动学机器（Parallel Kinematics Machines，PKM），或者称为虚（拟）轴机床（Virtual Axis Machine Tool），是并联机器人技术和现代数控机床技术相结合的产物。这类机床兼顾机床和机器人的诸多特性，既可以看作机器人化的机床（可以完成机床的切削任务），也可以看作机床化的机器人（可以完成许多精密的机器人作业）。而且，并联式机床还具有机器人的灵活与柔性，是集多种功能于一体的新型机电设备。

并联式机床的运动学原理如图 9.2 所示，主要包括一个定平台、一个动平台和多个运动连杆。德国 Mikromat 6X 型并联式机床如图 9.3 所示。动平台上装有机床主轴和刀具；定平台上安装工件；6 根杆实际上是 6 个滚珠丝杠螺母副，将两个平台连在一起；通过伺服电动机的旋转运动，带动动平台产生 6 自由度的空间运动，使刀具在工件上加工出复杂的三维曲面。

并联式机床与传统串联式机床的主要指标对比见表 9.1。

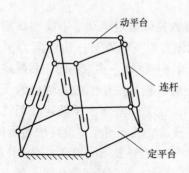

动平台
连杆
定平台

图 9.2 并联式机床的运动学原理

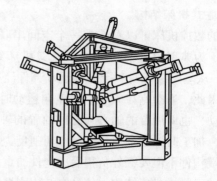

图 9.3 德国 Mikromat 6X 型并联式机床

表 9.1　串联式机床与并联式机床主要指标对比

基本特性	串联式机床	并联式机床
刚度/质量比	低	高
响应速度	低	高
振动响应	窄，不同工作位姿振动响应	宽，不同工作位姿振动响应
频率谱	频率变化不大	频率变化较大
运动耦合	只有少量耦合	紧密耦合且非线性
工作空间奇异点	没有	有
误差传递	传动链误差串联累积	各支链自身误差串联累积，整体为各支链的并联累积
运动学标定	较简单	较复杂
工作空间/机床体积	较大	较小

鉴于并联式机床具有刚度高、动态性能好、机床模块化程度高、易于重构等优点，国际学术界和工程界对研究与开发并联式机床非常重视。美国、德国、法国等国家的机床厂家纷纷推出具有不同结构形式和功能特性的并联式机床。1994 年在美国芝加哥国际机床博览会上，美国 Giddings& Lewis 公司首次展出一款名为 VARIAX 的并联机床，如图 9.4 所示。美国 Ingersoll 公司设计出并联机构的 VOH 1000 型立式加工中心和 HOH 600 型卧式加工中心（见图 9.5）；德国 Mikromat 机床公司研制出欧洲第一台商品化的 6X Hexa 型并联式立式加工中心；德国 Index 机床公司推出一款基于并联机构的 V100 型车削中心；法国 Renault 公司基于 Delta 机器人原理研制出 Urane SX 型卧式加工中心。

图 9.4　Giddings& Lewis 公司的并联式机床

图 9.5　Ingersoll 公司的并联式机床

国内的清华大学、天津大学、哈尔滨工业大学、燕山大学等亦开展了相关研究，并联合机床厂研发出代表性机床。清华大学和天津大学合作研制出大型镗铣类并联机床原型样机 VAMT1Y，并在 1998 年的北京机床展览会上首次展示；哈尔滨工业大学采用典型 Stewart 平台构型研制出用于加工汽轮机叶片的 BXK-6025 并联式机床，如图 9.6a 所示；清华大学与昆明机床股份有限公司联合研制出一款基于 Gough-Stewart 构型的 XNZ63 并联式机床，如图 9.6b 所示。

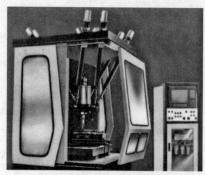

a) BXK-6025并联式机床

b) XNZ63并联式机床

图 **9.6** 我国自主研制的并联式机床

3. 串-并混联式机床结构

为充分发挥并联式机床和串联式机床各自的优点，克服两者的不足，研究人员将并联机构和串联机构进行了合理结合，研发出一种串-并联混合的混联式机床结构。目前，国际上比较有代表性的串-并混联式机床有：瑞典 Neos Robotics 公司开发研制的 5 自由度 Tricept 系列混联式机床、瑞典 Exechon 公司研发的 XMini 系列混联式机床（见图 9.7）、瑞士 Starrag 斯达拉格 5 轴加工中心 ECOSPEED 系列混联式机床（采用 Sprint Z3 并联头，见图 9.8）。

图 **9.7** XMini 系列混联式机床

图 **9.8** ECOSPEED 系列混联式机床

我国数控机床厂通过与国内高校合作，开展了混联式数控机床的研制工作。其中，齐齐哈尔第二机床集团公司与清华大学合作研制的 XNZ2430 型大型龙门式五轴混联式机床最具代表性，如图 9.9 所示。

9.2.2 非金属材料基础件

长期以来，数控机床（如床身、立柱、工作台等）通常采用铸铁作为基础件材料。然而，随着高端装备制造对数控机床要求的不断提高，铸

图 **9.9** XNZ2430 型大型龙门式
五轴混联式机床

铁基础件在实际应用中暴露出的动态性能不足、热稳定性差等问题，制约着机床重复定位精度等关键性能指标的进一步提升。另外，铸件生产往往耗能大，易产生环境污染，不符合现代绿色制造的发展趋势。为此，以大理石、树脂混凝土为代表非金属材料被逐渐应用于高档数控机床基础件，得到了国内外机床厂和研究机构的广泛关注。

1. 大理石

大理石分为天然大理石和人造大理石两类，均可用于数控装备基础件。天然大理石不仅质地致密、组织结构均匀，而且大理石热导率小、应力变形小，是目前超高精度金属切削机床和三坐标测量机床身的优选材料。然而，天然大理石往往色泽不均匀，且存在较多裂缝，需对多块原材料进行优选，才能制造出满足尺寸规格的床身。另外，考虑到天然大理石属于不可再生资源，人们自 20 世纪 60 年代就开始探索人造大理石，以对天然大理石进行材料替代，目前已取得显著进展。

人造大理石是用天然大理石或花岗岩的碎石或粉料作为填充料，用水泥、石膏和不饱和聚酯树脂为黏剂，经搅拌成型、自然凝固、研磨和抛光制成。人造大理石具有许多天然大理石的特性，且花纹图案可由设计者自行控制确定，也可比较容易地制成形状复杂的制品。人造大理石与铸铁的材料特性对比见表 9.2。人造大理石是有效的绝缘体，绝热性能良好，具有较强的耐腐蚀性，易于保证加工精度；结构可设计性优于铸铁材料，减振效果、热稳定性明显高于铸铁，阻尼特性更是铸铁材料的十几倍。因此，将人造大理石作为机床基础件，经过合理的结构布局，能大大提高耐腐蚀性，减少热变形，降低设备的振动，从而提高加工设备的有效使用寿命、可靠性和精度。典型的人造大理石基础件及在坐标测量机上的应用如图 9.10 所示。

表 9.2　人造大理石和铸铁的材料特性对比

性能参数	人造大理石	铸铁
对数衰减率	0.035	0.002
黏结整合性能	可方便地铸入导轨、带螺纹的连接件等	无
线性收缩率（%）	0.005~0.01	0.1~0.4
环保性能	比铸铁节省 30%的能源	铸造过程污染严重
脱模精度/(mm·m^{-1})	0.1~0.3	1~3
耐腐蚀性	对油、冷却液及其他腐蚀性液体有很好的耐腐蚀性	耐腐蚀性能差
密度/(g·mm^{-3})	2.3~2.4	7.3
绝缘性能	绝缘体	导体
抗压强度/MPa	130~160	580~950
弹性模量/GPa	30~45	78~110
热导率/(W·m^{-1}·K^{-1})	1.5~2.0	50

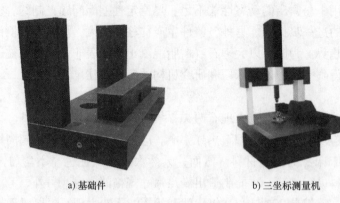

a) 基础件   b) 三坐标测量机

图 9.10 人造大理石基础件及应用

2. 树脂混凝土

树脂混凝土也称为聚合物胶结混凝土，由合成树脂、填料、砂石（或石粉）等多种原料混合、成型、固化而成。该材料具有如下特点：在较宽的工作温度和工作频率范围内具有较高的强度、阻尼，以及较好的耐腐蚀性和机械性能；以环氧树脂为主剂配合而成的混凝土材料本身就是优良的混凝土结构修复材料，并且修复后的结构强度并不比原结构低，结合处的强度甚至有可能高于原始强度。鉴于这些优点，树脂混凝土可以被选作机床基础件的材料，如床身（见图 9.11）。但是，目前树脂混凝土的制造成本仍比较高，限制了其在数控机床上的推广应用。

a) 树脂混凝土床身   b) 典型机床结构

图 9.11 树脂混凝土床身及应用

9.3 主轴系统

机床主轴主要为数控机床提供主切削运动。一般来说，数控机床主轴有机械主轴和电主轴两大类。作为数控机床的关键功能部件，主轴单元正向精密化、高速化、多功能、智能化方向发展，并产生了智能主轴。

9.3.1 机械主轴

机械主轴主要包括转轴、轴承、传动件和紧固件等。具有自动换刀功能的机械主轴基本结构如图 9.12 所示。需要注意的是，主轴轴承及其布局、动力传递方式是影响主轴性能的关键因素。

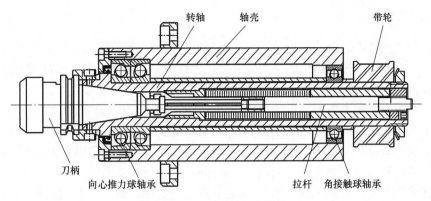

图 9.12　机械主轴基本结构

主轴轴承的选择及其布局设计主要依据主轴的性能（转速、承载能力、回转精度等）要求，具体情况为：一般中小型数控机床（如车床、铣床、加工中心、磨床等）的主轴多数采用滚动轴承；重型数控机床采用液体静压轴承；高精度数控机床（如坐标磨床）采用气体静压轴承；转速达 $(2 \sim 10) \times 10^4 \text{r/min}$ 的主轴可采用磁力轴承或陶瓷滚珠轴承。在各类轴承中，以滚动轴承使用最为普遍。目前，常见的滚动轴承布局形式如图 9.13 所示。

主轴的动力传递方式有带传动、齿轮传动和直接驱动三种，如图 9.14 所示。带传动通过 V 带传递电动机与主轴之间的运动，可以提供很大

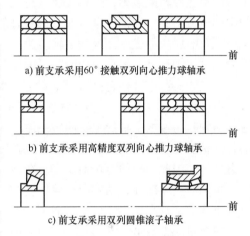

a) 前支承采用60°接触双列向心推力球轴承

b) 前支承采用高精度双列向心推力球轴承

c) 前支承采用双列圆锥滚子轴承

图 9.13　常见的滚动轴承布局形式

的转矩，传动可以达到中等转速，并具有良好的性能。齿轮传动通过齿轮传递转矩，在低转速下可以获得很高的转矩，并有多种速度范围；但齿轮传动易导致振动，将对产品加工表面产生不利影响。就电动机到刀具的传动效率而言，直接驱动几乎可以实现效率达 100% 的转矩传动，且结构比较简单。

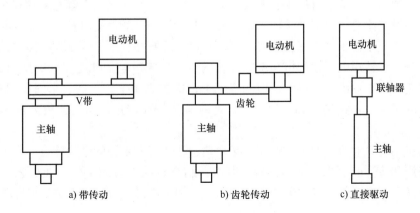

a) 带传动　　　　　　　　b) 齿轮传动　　　　　　　c) 直接驱动

图 9.14　机械主轴动力传递方式

9.3.2　电主轴

随着变频调速技术、电动机矢量控制技术等电气传动技术的迅速发展和日趋完善，高速数控机床主传动系统的机械结构已得到极大简化，在所需转矩不是很大的情况下基本上取消了带传动和齿轮传动。此外，机床主轴还可由内置式电动机直接驱动，从而把机床主传动链的长度缩短为零，实现了机床主轴的"零传动"。这种将电动机与机床主轴"合二为一"的传动结构形式，称为内置电动机驱动主轴，俗称"电主轴"。它在英文中有多种称谓，如 Electric Spindle、Motor Spindle、Motorized Spindle 等。由于当前电主轴主要采用的是交流高频电动机，故也称为"高频主轴"（High Frequency Spindle）。

电主轴的绕组相位互差 120°，安放在定子铁心的槽内，通以三相交流电，三相绕组各自形成一个正弦交变磁场。这 3 个对称的交变磁场互相叠加，合成一个强度不变、磁极朝一定方向恒速旋转的磁场，磁场转速就是电主轴的同步转速。电主轴就是利用输入电动机定子绕组的电流的频率和励磁电压来获得各种转速，具有结构紧凑、重量轻、惯性小、振动小、噪声低及响应快等优点。因电主轴转速可到达每分钟几万转甚至十几万转，电主轴还具有一系列控制主轴温升与振动的功能，可确保其高速运转的可靠性与安全性。

电主轴的基本结构包括轴壳、转轴、轴承、定子与转子、冷却通道等，其基本结构如图 9.15 所示。要获得好的动态性能和使用寿命，必须对电主轴各个部分进行精心设计和制造。转轴是高速电主轴的主要回转主体，其制造精度直接影响电主轴的最终精度，成品转轴的几何精度和尺寸精度要求都很高。当转轴高速转动时，由偏心质量引起的振动严重影响其动态性能。因此，必须对转轴及安装在转轴上的零件一起进行严格的动平衡调整。轴壳是高速电主轴的主要部件，轴壳的尺寸精度和位置精度直接影响主轴的综合精度。高速电主轴的核心支承部件是高速精密轴承，这种轴承具有高速性能好、动负载承载能力强、润滑性能好、发热量小等优点。电主轴主要使用的轴承类型有滚动轴承（角接触球轴承、滚子轴承）、液体轴承（动压轴承、静压轴承、动静压轴承）、气体轴承和磁悬浮轴承等。转子是中频电动机的旋转部分，由转子铁心、笼型绕组、转轴三部分组成，其功能是将定子的电磁场能量转换成机械能。为了保证电主轴运行的稳定性，防止振动发生，电动机转子与主轴的连接也采用与主轴轴承紧固相似的结构。转子与机床主轴过盈配合量的大小是影响主轴性能的重要因素。

根据电主轴内装式电动机的控制方法，电主轴可分为普通交流变频电主轴和交流伺服电主轴两类。普通交流变频电主轴结构简单、成本低，但存在低速输出功率不稳的问题；交流伺服控制电主轴低速输出性能好，可实现闭环控制。根据电主轴内装式电动机的输出特性，电主轴主要分为恒转矩电主轴和恒功率电主轴两类。恒转矩电主轴适用于磨削及高速钻削，电主轴的转速越高，输出功率越大；恒功率电主轴则主要用于镗、铣、车削等切削范围广、工况变化大的场合，在这种切削情况下，低速段需要较大转矩，而高速段需要维持相当的功率。

电主轴选用的一般原则如下：首先，必须熟悉和了解电主轴的结构特点、基本性能、主要参数、润滑和冷却的要求等基本内容；其次，结合目前具备的条件，如机床的类型及特点、电源条件、润滑条件、气源条件、冷却条件、加工产品特点等，考虑如何正确选择适宜的电主轴。

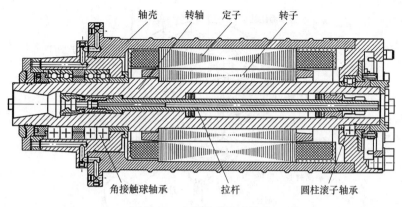

图 9.15 电主轴的基本结构

9.3.3 智能主轴

所谓智能主轴，就是在主轴上合理集成多种传感器，对其运行状态实时感知、智能辨别与诊断，以实现主轴的自反馈与自调控。典型的智能主轴结构及传感集成方式如图 9.16 所示。

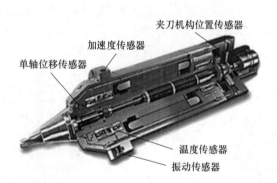

图 9.16 典型的智能主轴结构及传感集成方式

智能主轴是下一代主轴的技术发展方向，关键技术包括以下方面：

1. 智能化软件的开发

主轴单元的智能诊断、误差补偿、温度监控等诸多功能的实现，都离不开一个开放的、智能化的数控系统。当前商业化的高端数控系统都具备一定的开放性，可以为用户预留一定的二次开发、功能扩展的接口。这一点可以在 OMATIVE ACM 自适应控制系统于西门子 840D 数控系统上的应用得到验证。

2. 振动自动抑制技术

振动会使加工精度变差、加工效率降低，严重时会损坏刀具、主轴等零部件。从主轴单元设计的角度，提高系统阻尼、优化支承结构、提高动平衡等级等都是抑制振动的有效手段。从加工参数的优化角度，则需要以完备的工艺知识库（如刀具特性、工件材料特性、机床特性等）作为支撑，系统智能选择加工参数以减小振动。图 9.17 所示为基于电致伸缩制动器的振动自抑制智能主轴单元。

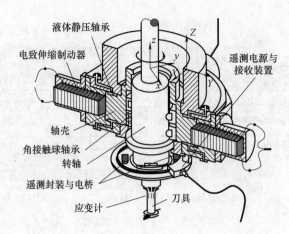

图 9.17 基于电致伸缩制动器的振动自抑制智能主轴单元

3. 主轴温度监控及热误差补偿

主轴单元在加工过程中,主轴电动机、轴承、刀具等都会产生热量,而主轴箱、冷却液、周边空气等又是热交换过程的参与因素。有两种常用的热误差测试补偿方法:第一种是在主轴法兰或轴壳中安装位移传感器,如光学传感器、涡流传感器等,监测主轴的热伸长变化,相应地由机床坐标轴偏置功能系统做出误差补偿;第二种是在主轴单元的关键发热点布置温度传感器,并利用电容和电涡流传感器测量主轴的热变形。图 9.18 所示为利用基于猫眼反射镜的光学传感器实时测量主轴轴向热伸长的示意图。

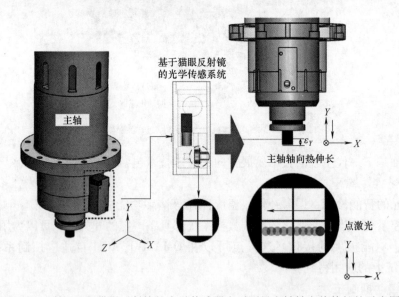

图 9.18 利用基于猫眼反射镜的光学传感器实时测量主轴轴向热伸长的示意图

4. 刀具状态监控与变形补偿

刀具变形的补偿工作首先要检测或预测变形量的大小,然后将其分解为数控机床各进给轴或补偿机构的补偿量。先确定切削力的大小、再根据刀具系统刚度计算变形量是有效的手段之一。将刀具变形的补偿与由切削力引起的其他误差的补偿综合考虑更具实际意义。

5. 故障自诊断与寿命预测

智能主轴单元的故障自诊断需要现代传感技术、信息融合技术、信号处理技术、神经网络技术、专家数据库技术等多学科技术的交叉应用，对主轴的运转状态要有预测、实时诊断、故障分析处理、故障信息存储等多方面的能力，并可告知操作者剩余的使用寿命。这将显著提高主轴的可用性，降低由主轴故障造成的经济损失。

9.4 直线进给系统

目前，数控机床直线进给系统广泛采用"滚珠丝杠+直线型导轨"的结构形式，以保证刀具与工件相对直线位移关系。

9.4.1 滚珠丝杠

滚珠丝杠螺母副（简称滚珠丝杠）具有摩擦损耗低、传动效率高、动/静摩擦系数之差小、不易产生低速爬行及使用寿命长、重复定位精度高等一系列优点，并可通过丝杠螺母的预紧消除间隙、提高传动刚度，是目前中、小型数控机床最常见的传动形式。滚珠丝杠具有运动的可逆性，传动系统不自锁，能将旋转运动转换为直线运动，反过来也能将直线运动转换为旋转运动。因此，当用于受重力作用的垂直进给轴时，进给系统必须安装制动器和重力平衡装置。此外，为了防止安装、使用时螺母脱离丝杠滚道，机床必须有超程保护。

按照滚珠的循环方式不同，滚珠丝杠有内循环和外循环两种结构。滚珠在返回过程中与丝杠始终接触的为内循环滚珠丝杠，与丝杠脱离接触的为外循环滚珠丝杠。内循环滚珠丝杠的结构如图 9.19a 所示，其回珠滚道布置在螺母内部，滚珠在返回过程中与丝杠接触，回珠滚道通常为腰形槽嵌块，一般每圈滚道都构成独立封闭循环。内循环滚珠丝杠结构紧凑，定位可靠，运动平稳，且不易发生滚珠磨损和卡塞现象，但其制造较复杂。此外，也不可用于多头螺纹传动丝杠。外循环滚珠丝杠的结构如图 9.19b 所示，其回珠滚道一般布置在螺母外部，滚珠在返回过程中与丝杠无接触。外循环滚珠丝杠只需要有一个统一的回珠滚道，结构简单，制造容易。但它对回珠滚道的结合面要求较高，滚道连接不良不仅会影响滚珠的平稳运动，严重时甚至会发生卡珠现象。此外，外循环滚珠丝杠运行时的噪声也较大。

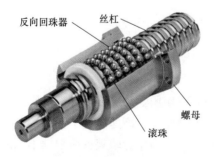
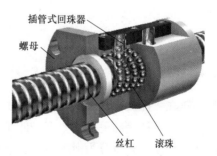

a) 内循环滚珠丝杠   b) 外循环滚珠丝杠

图 9.19 滚珠丝杠的结构图

将丝杠制成空心，通入切削液可以有效地散发丝杠传动中的热量，对保证定位精度大有益处。典型的中空冷却的滚珠丝杠如图 9.20 所示。为了减少滚珠丝杠的受热变形，从丝杠右端通入切削液，经丝杠空心切削液通道循环冷却，可以保证丝杠在恒温状态下工作。由于螺母的温升也影响丝杠的进给速度和加工精度，目前国际上出现了螺母冷却技术，即在螺母内部钻孔，形成冷却循环通道，通入恒温切削液进行循环冷却。图 9.21 是螺母冷却示意图。

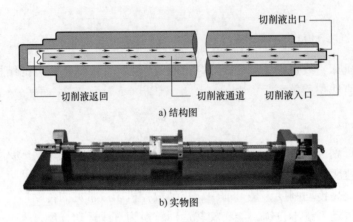

图 9.20　中空冷却的滚珠丝杠

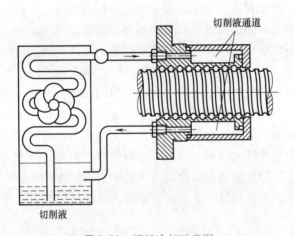

图 9.21　螺母冷却示意图

9.4.2　直线型导轨

　　直线型导轨在数控机床直线运动中起支承和导向作用。为保证工件加工质量，导轨的刚度和强度要够，导向精度和灵敏度要高，低速平稳性要好，高速时应不振动，且应具有良好的精度保持性。直线型导轨分为滑动导轨、滚动导轨、静压导轨等，应根据不同的使用要求进行选择。

　　1. 滑动导轨

　　滑动导轨具有结构简单、制造方便、刚度高、抗振性高等优点，在工程实际中应用比较广泛。根据其截面形状的不同，滑动导轨分为三角形、矩形、燕尾形、圆形等结构形式，见表 9.3。

表 9.3　滑动导轨的几种常用结构形式

结构形式	对称三角形	不对称三角形	矩形	燕尾形	圆形
凸形	45° 45°	15°~30° 90°		55° 55°	
凹形	92°~120°	90° 52°		55° 55°	

　　因为滑动导轨为面接触滑动摩擦形式，容易磨损，为此，人们研制了塑料滑动导轨，利用塑料的良好摩擦特性、耐磨性及吸振性，提高导轨运动性能，减少磨损。塑料滑动导轨根据其使用方式，通常分为贴塑导轨和注塑导轨两种。图 9.22a 所示贴塑导轨所用塑料以聚四氟乙烯为基体，加入青铜粉、二硫化钼、石墨及铅粉等混合而成。其外形为塑料软带，使用时通过胶合剂将其黏结在与床身导轨相配合的滑动导轨上。如图 9.22b 所示，注塑导轨所用塑料以环氧树脂为基体，加入二硫化钼、胶体石墨及铅粉等混合而成，制造时，通过将其注入在定、动导轨之间的方法制成。

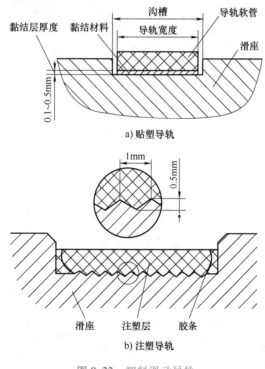

a) 贴塑导轨

b) 注塑导轨

图 9.22　塑料滑动导轨

2. 滚动导轨

滚动导轨是在导轨工作面间放入滚珠、滚柱或滚针等滚动体，使导轨面间处于滚动摩擦状态。滚动导轨摩擦系数小（约为 0.005），动、静摩擦系数很接近，且不受运动速度变化的影响，因而运动轻便灵活，所需驱动功率小；摩擦发热少、磨损小、重复定位精度好；低速运动时，不易出现爬行现象，定位精度高；滚动导轨可以预紧，显著提高了刚度，适用于要求移动部件运动平稳、灵敏，以及实现精密定位的场合。

滚珠导轨的承载能力和刚度小，适用于运动部件质量不大、切削力和颠覆力矩都较小的机床。滚柱导轨的承载能力和刚度都比滚珠导轨大，适用于载荷较大的机床。滚针导轨的特点是滚针尺寸小，结构紧凑，适用于导轨尺寸受到限制的机床。数控机床普遍采用滚动导轨支承块，以做成独立的标准部件，其特点是刚度和承载能力大、便于拆装，可直接装在任意行程长度的运动部件上。

直线滚动导轨突出的优点为无间隙，并且能够施加预紧力。导轨的结构如图 9.23 所示，由导轨体、滑块、滚珠、保持器、端盖、密封环、油嘴等组成。使用时，导轨固定在不运动的部件上，滑块固定在运动的部件上。当滑块沿导轨体移动时，滚珠在导轨体和滑块自建的圆弧直槽内滚动，并通过端盖内的滚道，从工作负载区到非负载区，然后再滚回工作负载区，不断循环，从而把导轨体和滑块之间的移动变为滚珠的滚动。由于这种导轨可以预紧，因此比滚动体不循环的滚动导轨刚度和承载能力大，但不如滑动导轨。

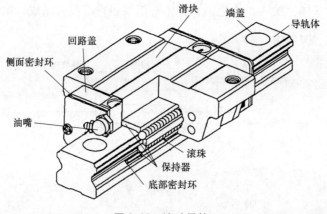

图 9.23 滚动导轨

3. 静压导轨

液体静压导轨是在导轨工作面间注入具有一定压强的润滑油，形成压力油膜，浮起运动部件，使导轨工作面处于纯液体摩擦状态，摩擦系数极低（约为 0.0005）。因此，驱动功率大大降低，低速运动时无爬行现象，导轨面不易磨损，精度保持性好。又由于油膜有吸振作用，因而静压导轨抗振性好，运动平稳。但其缺点是结构复杂，且需要一套过滤效果良好的供油系统，制造和调整都较困难，成本高。

由于承载的要求不同，静压导轨分为开式和闭式两种。开式静压导轨的工作原理如图 9.24 所示。

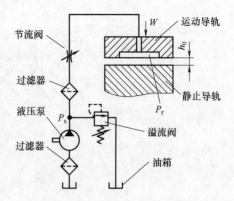

图 9.24 开式静压导轨的工作原理图

液压泵起动后，油经过滤器吸入，用溢流阀调节供油压力 P_s，再经过滤器，通过节流阀降压至 P_r（油腔压力），进入导轨的油腔，并通过导轨间隙向外流出，回到油箱。供油压力 P_s 形成浮力将运动导轨浮起，形成一定导轨间隙 h_0。当载荷增大时，运动导轨下沉，导轨间隙减小，液阻增加，流量减小，从而油经过节流阀时的压力损失减小，油腔压力 P_r 增大，直至与载荷 W 平衡为止。

与其他形式的导轨相比，静压导轨工作寿命长，摩擦系数极低，速度变化和载荷变化对液体膜刚性的影响小，有很强的吸振性，导轨运动平稳，无爬行，主要应用于大型、重型数控机床。

9.5　回转进给系统

数控机床的回转进给运动通常由数控回转工作台来实现，主要完成分度和连续圆周进给运动。数控回转工作台根据传动方式不同，可分为齿轮传动、蜗轮蜗杆传动和电动机直驱传动。

9.5.1　齿轮传动

在数控机床回转台的驱动伺服系统中，需要将电动机输出的高转速、小转矩转换成被控对象需要的低转速、大转矩。这样的过程应用最广泛的就是齿轮传动副。齿轮传动副的优点是传动比较大，刚度和机械效率都较高；缺点是传动不够平稳，传动精度不高，且不能实现自锁。典型的齿轮传动数控回转工作台结构如图 9.25 所示，其中齿轮 1 与转台连接固定，为从动齿轮；齿轮 2 通过减速器与驱动电动机连接，为主动齿轮。

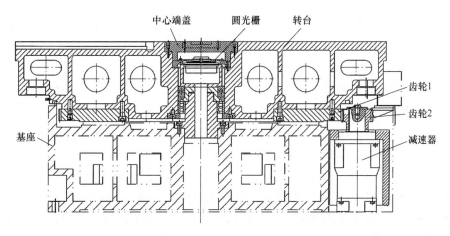

图 9.25　齿轮传动数控回转工作台结构

由于齿轮在制造过程中不可能达到理想齿面要求，齿轮传动往往存在反向间隙，导致定位精度差，甚至产生振动。因此，设计回转进给系统时，必须采取有效措施消除这种反向间隙。

1. 机械消隙方式

齿轮传动中往往通过改变中心距、齿轮错位、齿面双面接触来消除传动间隙，典型的机械消隙结构包括偏心套式消隙结构、轴向垫片调整结构、周向弹簧调整结构等。

图 9.26 所示为轴向垫片调整结构，一对啮合的圆柱齿轮，若将它们的节圆直径沿着齿厚方向制出一个较小的锥度，则只要改变调整垫片的厚度就能改变齿轮 2 和齿轮 1 的轴向相对位置，从而消除齿侧间隙。

图 9.27 所示为周向弹簧调整结构，两个齿数相同的薄片齿轮 1 和 2 与另一个宽齿轮相啮合，齿轮 1 空套在齿轮 2 上，可以相对转动。每个齿轮端面分别装有凸耳 3 和 8，齿轮 1 的断面还有 4 个通孔，凸耳 8 可以从中穿过，弹簧 4 分别钩在调节螺钉 7 和凸耳 3 上。旋转螺母 5 和 6 可以调整弹簧 4 的拉力。弹簧的拉力可以使薄片齿轮错位，即两片薄齿轮的左、右齿面分别与宽齿轮槽的右、左贴紧，这样便消除了齿侧间隙。

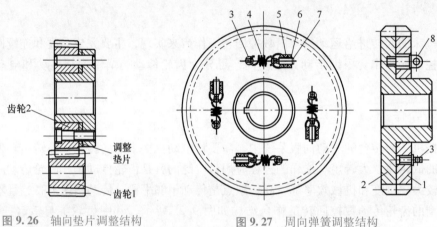

图 9.26　轴向垫片调整结构　　图 9.27　周向弹簧调整结构

1，2—薄片齿轮　3，8—凸耳　4—弹簧

5，6—螺母　7—调节螺钉

2. 电控消隙方式

电控消隙主要有误差补偿消隙法和双伺服电动机消隙法。

误差补偿消隙法通过测量齿轮传动过程中的反向间隙，并在控制程序中设置齿轮反转时的反向误差补偿，以达到减小齿轮间隙的目的。误差补偿消隙法只需要利用数控系统中软件补偿算法就能实现齿轮消隙，方法实施较为简单。这种方法给出的齿轮间隙误差补偿值往往是一个定值或一个固定数据表，能够满足一般数控转台的精度要求。

双伺服电动机消隙法是对齿轮传动间隙进行实时补偿的一种电控方式，其原理图如图 9.28 所示。该方法的控制方式为转矩串联控制，即仅对驱动电动机（又称为主电动机）执行位置进行控制，而对消隙电动机（又称为从电动机）则采用转矩控制。在控制参数设置过程中，需要分别在两个电动机上施加大小相等、极性相反的预紧力（即图中的"预载"），以维持主、从电动机静止时机械结构的张力，实现齿轮消隙。这种消隙方式主要适用于大中型回转工作台。

9.5.2　蜗轮蜗杆传动

蜗轮蜗杆机构可以看作是丝杠螺母机构的一种特殊形式。蜗杆可以看作长度很短的丝杠，其长径比很小；蜗轮则可以看作一个很长的螺母沿轴向剖开后的一部分。与齿轮齿条机

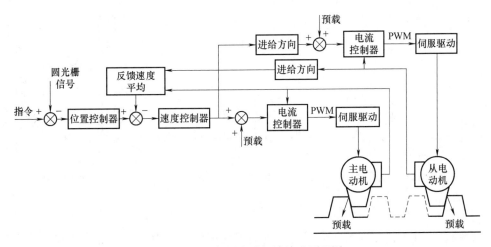

图 9.28　双伺服电动机消隙法原理图

构相比，蜗轮蜗杆机构转动平稳，噪声很小，具有自锁性，且结构更紧凑，但是发热较严重，也更易磨损。常见的蜗轮蜗杆式转台结构如图 9.29 所示。

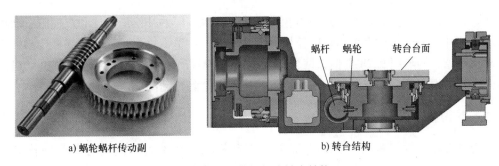

a) 蜗轮蜗杆传动副　　　　　　　　　b) 转台结构

图 9.29　蜗轮蜗杆式转台结构

与齿轮机构类似，蜗轮蜗杆机构传动副间也会存在间隙。因此，必须采取措施消除间隙，机械式消隙的方法主要有双导程蜗杆消隙、变导程蜗杆消隙和双蜗杆消隙，如图 9.30 所示。图中，$t_左$ 和 $t_右$ 分别表示双导程蜗杆的左向导程和右向导程，$S_1 \sim S_4$ 分别表示第 $1 \sim 4$ 个齿的分度圆齿宽，$C_1 \sim C_4$ 分别表示第 $1 \sim 4$ 个齿的分度圆齿隙；P 和 t 分别表示变导程蜗杆的导程基本值和调整量。

双导程蜗杆消隙和变导程蜗杆消隙的原理相似，都是通过改变蜗杆左、右齿面的导程来改变相邻蜗杆轮齿的齿厚。在蜗杆的传动间隙由于磨损变大后，移动蜗杆来选择齿厚更大的齿与蜗轮进行啮合，以减小或消除啮合间隙。两种方法的不同在于双导程蜗杆齿面同侧的导程是相等的，但同一齿左、右齿面的导程不相等，如图 9.30a 所示。变导程蜗杆同一轮齿的左、右齿面导程相等，但不同齿的导程是不相等的，如图 9.30b 所示。双导程和变导程蜗杆结构消隙，占用空间小，操作简单，能够有效地提高传动精度。但是采用双导程和变导程蜗杆消隙，必须同时对蜗轮的轮齿进行修磨，使蜗轮左、右齿面的模数与蜗杆对应齿面模数相等，以保证啮合，且每调整一次就必须对蜗轮轮齿修磨一次，整个过程复杂，加工难度大。双蜗杆消隙的一种结构如图 9.30c 所示。两根蜗杆由同一台电动机驱动，通过齿轮传动，同

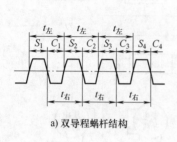
a) 双导程蜗杆结构

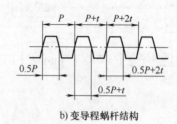
b) 变导程蜗杆结构

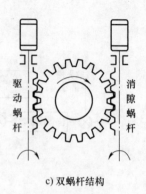
c) 双蜗杆结构

图 9.30 不同的机械消隙方式

时与蜗轮啮合。其工作原理与双伺服电动机消隙法相似,其中一根蜗杆作为动力输入蜗杆,而另一根蜗杆作为消隙蜗杆,利用调整装置使两蜗杆分别与蜗轮的不同齿面啮合以消除间隙。与变齿厚蜗杆相比,这种消隙结构具有比较突出的优点,如加工简单,使用寿命较长,易于调整和恢复精度,结构刚性大;不过这种结构需要较大的内部空间,适用于大中型回转台。

蜗轮蜗杆传动电控消隙的方式与齿轮传动类似,也有误差补偿消隙法和双伺服电动机消隙法。误差补偿消隙法与齿轮传动中使用的方法一致,这里不再赘述。蜗轮蜗杆传动的双伺服电动机消隙结构与图 9.28 类似,两台伺服电动机各驱动一根蜗杆,通过控制电动机的转动方向,使两根蜗杆分别与蜗轮的不同齿面接触,以消除传动间隙。

9.5.3 电动机直驱传动

电动机直驱传动,顾名思义,即取消从电动机到工作部件之间的各种中间传动环节(比如齿轮、蜗轮副、皮带、丝杠副、联轴器、离合器等),以转矩电动机直接连接工作台的形式实现转台回转驱动。典型的转矩电动机直驱转台结构如图 9.31 所示。这种电动机直驱传动方式无中间传动环节、无反向间隙、无磨损、系统精度高、稳定性强、结构紧凑、动态性能好,还可以在高转速情况下实现车削加工。同时,根据机床自动化和智能化的要求,越来越多的工况需要转台增加液压气动接口,转矩电动机较大的中部空间也为液压气动接口

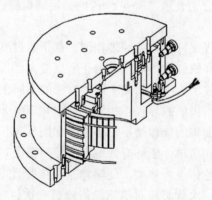

图 9.31 转矩电动机直驱转台结构

的增加提供了便利。相较于蜗轮蜗杆传动和齿轮传动，电动机直驱传动方式表现出显著优越性，对比见表 9.4。

表 9.4 不同传动方式对比

技术参数	电动机直驱传动	蜗轮蜗杆传动	齿轮传动
定位精度	好	一般	较好
速度	大	小	中
加速度	大	小	中
精度保持性	好	一般	较好
转矩	小	中	大

　　转矩电动机直驱转台有多种多样的配置形式，按旋转轴的数量区分，在机床上常用的有单轴转台、双轴转台。其中，单轴转台根据安装方式，可分为立式、卧式和立卧转换转台；双轴转台根据在机床结构中的布局形式，可分为单臂悬挂式和摇篮式双轴转台。图 9.32 所示为大连科德数控公司研发的单轴直驱转台和双轴直驱转台。

a) 单轴转台　　　　　　　　b) 双轴转台

图 9.32 转矩电动机直驱转台

思考与练习题

1. 数控机床的机械结构主要由哪几部分组成？各部分的作用是什么？
2. 对比分析串联式机床与并联式机床的主要优缺点。
3. 相比于铸铁床身，树脂混凝土床身有什么优势？
4. 简述电主轴的结构特点，以及轴承的选择、润滑、冷却方式。
5. 主轴的智能化功能主要包括哪些？
6. 滚珠丝杠中的滚珠循环方式可分为哪几类？
7. 滑动导轨、滚动导轨、静压导轨各有什么特点？
8. 数控回转工作台的传动方式有哪些？并简述其特点。
9. 在齿轮齿条或蜗轮蜗杆传动中，回转进给系统往往存在反向间隙，目前有哪些常用的消隙方案？
10. 转矩电动机直驱转台有哪些优势？

第10章 3D打印数控技术与典型装备

10.1 概述

3D打印又称为增材制造，是一种以零件三维数字模型为基础，通过材料逐层累加的方式制成实物模型的技术。3D打印过程与传统的材料加工过程截然不同，其大致可划分为两个阶段：

（1）数据处理阶段 对通过 CAD 软件生成的三维 CAD 模型进行"切片"处理，进而将三维数据分解为若干层的二维轮廓数据，可视为"数字微分"的过程。三维 CAD 模型的数据处理对产品最终的结构、材料及性能起到至关重要的作用。

（2）叠层制作阶段 依据分层的二维轮廓数据，采用某种工艺制作与分层厚度相同的薄片实体，每层薄片"自下而上"叠加起来，构成三维实体，实现由二维薄层到三维实体的累加制造。从制造工艺原理来讲，由二维到三维是一个"数字积分"的过程。将三维实体的制造分解为二维实体的制造与累加，可理解为"降维制造"。

可以看出，3D打印制造是采用材料逐渐累加的方法制造实体零件的，能够实现一定程度的"自由制造"，在具有复杂内部结构的零部件快速制造中表现出显著优势。

10.2 3D 打印建模与过程控制

3D打印的基本流程如图 10.1 所示，主要包括：获取或构造三维模型、对模型切片与曲面近似模拟、分层打印与叠加、打印后处理等环节。图中，S_1、S_2、$\cdots$、S_n 表示分层（1，2，$\cdots$，n 为序号），d 表示每层的厚度。

10.2.1 3D 打印软件

从工件设计模型到 3D 打印设备的模型处理和数据转换，是 3D 打印的关键技术。该技术主要通过专用的 3D 打印软件来实现，其核心算法是将三维模型通过分层切片转化为一系列二维层片的组合。目前，3D 打印软件系统的开发主要有三个方面：模型获取、模型处理和过程监控。其中，模型获取软件模块主要用于获得模型的基本几何形态和其他所需几何特征数据等；模型处理软件模块主要用于加工位向确定、分层切片、层片轮廓数据处理以及终端设备的加工路径规划等；过程监控软件模块主要用于 3D 打印参数设定以及打印质量的在

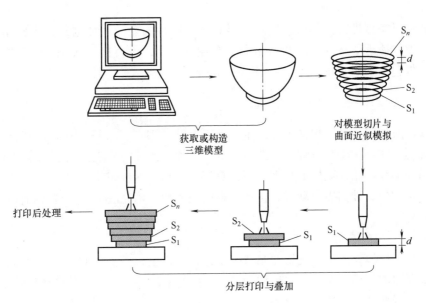

图 10.1　3D 打印的基本流程

线检测与评价等。除了 3D 打印设备制造商自行开发的特定模型处理软件外，国际上一些公司开发出第三方软件作为工件三维模型与 3D 打印系统之间的转换工具，如比利时 Materialise 公司的 Magic 软件、美国 Solid Concept 公司的 Brige Works 和 Solid View 软件、美国 PCGO 公司的 STL-Manager 软件等。

10.2.2　3D 打印建模及 G 代码生成

3D 打印建模主要分为 CAD 与 CAM 两个模块。在模型设计阶段，需通过 CAD 软件模块进行三维模型设计，并将模型转存为 STL 类型文件；在模型后处理阶段，需通过 CAM 软件模块读取 STL 文件，利用模型切片处理功能进行数据处理，输出可供打印机识别的 G 代码。

目前，几乎所有的 3D 打印系统和大部分计算机辅助教育（CAE）系统都采用 STL 文件作为数据交换格式。大多数 CAD 软件都可以导出 STL 文件，但不能对 STL 文件进行编辑处理。STL 文件有两种格式：一种是 ASCII 格式，另一种是二进制格式。ASCII 格式的 STL 文件比二进制格式文件大，但可方便阅读。

1. 3D 打印建模

第一种方式，通过实体扫描设备扫描实物，并转换为计算机数据格式。利用其他模型处理软件转成 STL 模型格式，再输出至 3D 打印模型处理软件进行下一步处理。第二种方式，使用 UG、ProE、SolidWorks 等三维建模软件建立三维模型，自动输出 STL 格式文件，传输至模型处理软件中进行处理。

2. 模型读取与拓扑关系重构

STL 模型文件是一种用三角形面片逼近三维实体表面的模型格式，是 3D 打印过程中最常用的标准模型文件。然而，STL 文件不含拓扑关系，其内部信息排列无序，不利于后续进一步处理。为此，模型处理软件需要计算 STL 模型拓扑关系，确立模型中各三角形面片的位置关系，为之后的分层切片打基础。

3. 模型分层切片处理

切片软件对模型进行分层切片处理，得到每一层片的轮廓线数据，并生成相应的 G 代码。G 代码中包括运动路径，以及挤出命令等控制指令，可直接传入 3D 打印机完成打印。主流切片软件包括 Skeinforge、Slic3r、Repsnapper 等。

10.2.3　3D 打印逐层扫描运动控制

切片软件对各层片进行扫描填充，生成加工工具在 3D 打印过程中的运动路径数据。3D 打印路径规划应注意减少空行程，也即主要减少各独立区域间的跳转次数，缩短每一层层片之间的扫描间隔等。路径规划的合理性还将直接影响到工件打印质量。

目前，常用的 3 种扫描运动方式包括：直线往复扫描填充法、轮廓偏置扫描填充法和分区域扫描填充法。

1. 直线往复扫描填充法

直线往复扫描填充法是传统熔丝制造、激光粉末快速成形及电子束熔化快速成形技术中最常用、最简单的扫描填充方法。这种扫描法是将轮廓线所包围的内部区域用若干条水平直线段填充。扫描线若遇到内轮廓线或孔洞等则直接跳过。填充过程中，采用逐行扫描的方式，在水平线上往复扫描，扫描速度恒定，扫描线在垂直方向上等距。这种扫描方式的优点是：扫描路径规划算法简单、处理速度快，且易于人工监控。但对于非凸多边形或区域内存在较多孔洞的情况，扫描线往往需要频繁跳跃，极大地影响加工效率。

2. 轮廓偏置扫描填充法

轮廓偏置扫描填充法是由截面轮廓线偏置得到扫描填充线。轮廓偏置一般包括外轮廓向内偏置和内轮廓向外偏置两种形式。与直线往复扫描填充方法相比，这种方法的扫描线方向不断改变，因此收缩应力不会过于集中，有利于减小层片上的翘曲变形。另外，扫描填充线只在截面内、外轮廓之间偏置，避免了直线往复扫描的频繁跳跃，减少了过短微型线段的产生，有利于提高打印精度。但是，若层片轮廓线内孔洞较多，则偏置线会很容易相交而互相干涉，出现路径规划错误；且对于一些复杂的凹多边形，易出现扫描线自相交的现象。

3. 分区域扫描填充法

分区域扫描填充法的关键是将轮廓分为几个独立区域，然后对每个区域根据其不同特点采用不同的扫描填充算法。这种方法可以充分结合直线往复扫描填充法和轮廓偏置扫描填充法的优点，以提高扫描路径规划的准确性。但是，该方法的算法复杂度较高，其区域识别与选定适当的扫描填充方式的算法尚需进一步完善，因此对于结构越复杂的零件，这种方法的优势越弱。

10.3　3D 打印数控装备

按照打印基材形态，3D 打印数控装备一般划分为液态基材 3D 打印系统、固态基材 3D 打印系统和粉末基材 3D 打印系统。液态基材 3D 打印系统中大多使用液态光固化树脂（也称光敏树脂），这种有机物在光（一般为紫外光）照射下可固化；固态基材 3D 打印系统的加工方法较为多样，可以采用激光、电子束和直接加热等多种方式；粉末基材 3D 打印系统多采用激光烧结、电子束烧结的方式进行加工。

10.3.1　液态基材 3D 打印系统

典型的液态基材 3D 打印系统有 3D Systems 公司的立体光刻设备（SLA）和多点喷射打印系统（MJP）、Stratasys 公司的 PolyJet 系统、RegenHU 公司的 3D 生物打印机等。其中，SLA 打印系统最具代表性。

1. 工艺原理

SLA 打印系统结构及原理如图 10.2 所示。一般利用 3D Manage 软件将 CAD 三维模型文件载入打印系统。首先，3D Manage 软件的文件转换模块将 CAD 数据转化为 SLA 文件；其次，模型分层模块对 SLA 文件进行分层数据处理，得到厚度为 0.025 ~ 0.5mm 切片模型轮廓的数据。光敏树脂液态基材经过光固化后，表面形成一层硬化薄层。在完成一层固化后，升降系统控制工作台降低一定的距离，在已经固化好的树脂表面再覆盖上新的一层树脂。如此循环，即可逐层完成打印，直至将整个工件打印完成。

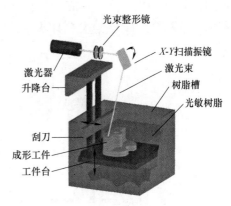

图 10.2　SLA 打印系统的结构及原理图

2. 系统组成

SLA 打印系统主要包括激光及振镜系统、平台升降系统、储液箱及树脂处理系统、树脂铺展系统、控制系统等。

（1）激光及振镜系统　该系统包括激光器、聚焦及自适应光路和两片用于改变光路形成扫描路径的高速振镜。SLA 激光器主要采用性能更稳定的固态激光器，例如 Nd-YVO$_4$ 激光器（波长约为 1062nm）。光路系统可使得该种激光器的波长变为原来的 1/3（354nm），即紫外光。

（2）平台升降系统　该系统包括一个用于支承零件成形的工作平台及一个控制平台升降的装置，采用丝杠传动结构。

（3）储液箱及树脂处理系统　该系统主要包括用于盛装光敏树脂的容器、工作平台调平装置以及自动装料装置。

（4）树脂铺展系统　该系统指使用一个下端带有较小倾角的刮刀对光敏树脂进行铺展的系统。

（5）控制系统　该系统包括过程控制系统、光路控制系统和环境控制系统。过程控制系统主要用于处理零件打印文件并进行操作控制，如控制刮刀运动、调节树脂水平、改变工作平台高度等；还负责监控树脂高度、刮刀受力等。光路控制系统用于调整激光光斑尺寸、聚焦深度、扫描深度等。环境控制系统用于监控储液箱的温度，根据模型打印要求改变打印环境的温度及湿度等。

10.3.2　固态基材 3D 打印系统

典型的固态基材 3D 打印系统有 Stratasys 公司的熔融沉积成形（FDM）系统、Solidscape 公司的 Benchtop 系统、Mcor 公司的选区沉积分层（SDL）系统、Cubic 公司的分层实体制造（LOM）系统。其中，FDM 系统最具代表性。

1. 工艺原理

FDM 打印系统工艺原理及结构如图 10.3 所示。首先，将三维几何模型转存为 STL 或 IGES 格式文件，用 Insight 软件或 Dimension 系列中的 Catalyst 软件进行数据处理，自动生成支撑机构、完成切片处理（可设定厚度范围为 0.178~0.356mm）。接着，将丝状材料输送至打印头，并将其加热至半液体状态挤出，连续挤出的细丝状半液体材料在空气中迅速冷却凝固；控制系统按照软件生成的打印路径控制打印头完成单层图案打印，再控制进行逐层材料累加，完成零件打印。优化打印头的送丝喷嘴结构，可实现多种材料的 FDM 打印成形。

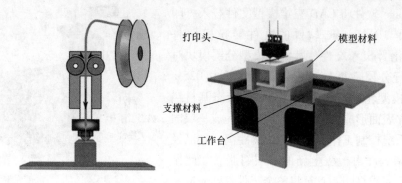

图 10.3　FDM 打印系统工艺原理及结构图

2. 系统组成

FDM 系统主要由运动单元、打印头、进料装置、控制系统等组成。根据物料塑化要求的不同，采用柱塞式或螺杆式的送料方式将物料挤出、打印成形。柱塞式 FDM 打印中，由带轮驱动输送丝料，未熔融丝料充当柱塞驱动熔融物料经微型喷嘴挤出。而对于螺杆式 FDM 打印，通过滚轮将熔融或半熔融物料送入料筒，并在螺杆和外加热器的作用下实现物料塑化和混合，最后由螺杆旋转驱动熔融物料从打印头挤出。

10.3.3　粉末基材 3D 打印系统

典型的粉末基材 3D 打印系统有 3D Systems 公司的选区激光烧结（SLS）系统和彩色喷墨打印（CJP）系统、SLM Solution 公司的选区激光熔化（SLM）系统、Optomec 公司的激光工程近净成形（LENS）系统、Arcam 公司的电子束熔化（EBM）系统、Concept Laser 公司的 Laser CUSING 成形系统等。其中，SLS 系统和 SLM 系统最具代表性。

1. SLS 系统

SLS 打印装备结构如图 10.4 所示。SLS 系统利用 CAD 设计数据，通过 CO_2 激光束将铺层粉末材料加热熔化，实现逐层打印。首先，系统通过滚轴机在部件成形腔表面涂抹一层粉末；其次，系统依据切片扫描路径，控制 CO_2 激光束选择性地在粉末层上"描绘"；最后，粉末逐层堆积，直至打印完毕。

SLS 系统主要包括 CO_2 激光器、振镜扫描系统、粉末传送系统、成形腔、气体保护系统和预热系统等。

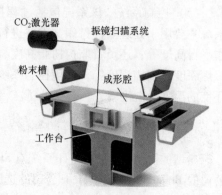

图 10.4　SLS 打印装备结构图

1）CO_2 激光器。SLS 设备用 CO_2 激光器的 CO_2 激光束，波长为 $10.6\mu m$，光斑直径为 0.4mm。

2）振镜扫描系统。振镜扫描系统由 X-Y 光学扫描头、驱动放大器和光学反射镜片组成。控制光学扫描头的摆动角度，可实现激光束光路的精确调控。

3）粉末传送系统。SLS 设备的送粉方式有两种：一种为粉缸送粉，即利用送粉缸的升降完成粉末供给；另一种是落粉，即将粉末置于机器上方的容器内，利用粉末的自由下落完成粉末供给。

4）成形腔。成形腔主要由工作缸和送粉缸等组成，缸体沿 Z 轴上下移动。

5）气体保护系统。在金属和金属复合材料激光烧结成形过程中，是否有气体的保护对烧结零件的性能以及微观结构都有较大的影响。外部气罐向成形腔充入稳定惰性气体，实现气体保护。

6）预热系统。在 SLS 成形过程中，工作缸中的粉末通常需要由预热系统加热到一定温度，以使烧结产生的收缩应力尽快松弛，从而减小 SLS 制件的翘曲变形。

2. SLM 系统

SLM 打印系统的结构示意图如图 10.5 所示。SLM 系统的成形过程与传统的分层 3D 打印过程相似，而且成形材料的选择更加广泛。金属零件或模具可以被分层熔化制造，单层厚仅 $30\mu m$。SLM 系统通过振镜控制红外激光束沿着分层路径将每一层轮廓熔化成形。由于金属粉末被完全熔化，因此成形的金属零件致密度可达 100%。而且，采用该方法打印出的零件材料强度和尺寸精度都优于激光烧结方式。

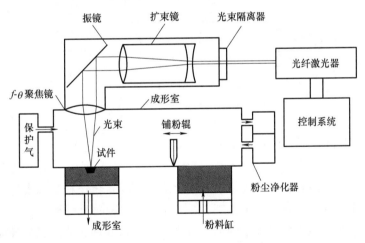

图 10.5 SLM 打印系统结构示意图

SLM 系统主要包括激光器、光路传输系统、送粉/铺粉系统、气体保护与粉尘净化系统和控制系统等。

1）激光器。激光器是 SLM 设备提供能量的核心功能部件，直接决定 SLM 零件的成形质量。SLM 设备主要采用光纤激光器，光束直径内的能量呈高斯分布。光纤激光器作为输出光源，主要工作参数有激光频率、激光波长、激光光斑、光束质量等。

2）光路传输系统。光路传输系统主要实现激光的扩束、扫描、聚焦和保护等功能，包括扩束镜、$f\text{-}\theta$ 聚焦镜（或三维动态聚焦镜）、振镜及保护镜。

3）送粉/铺粉系统。送粉/铺粉系统主要实现金属粉料的输送、铺装。粉料缸完成送粉任务，铺粉辊或铺粉刷完成铺粉任务。铺粉质量是影响 SLM 打印成形质量的关键因素。

4）气体保护与粉尘净化系统。外部气罐向成形室充入稳定惰性气体，实现打印过程中的气体保护；粉尘净化器完成循环气体中粉尘颗粒过滤，进而保证成形室的清洁。

5）控制系统。控制系统通常采用工控机作为主控单元，主要包括电动机控制、振镜控制、温度控制及气温控制等。

10.4 增/减材一体化制造机床

在当前技术发展水平下，3D 打印制造出的零件几何尺寸精度和表面粗糙度往往不太理想，需进一步机加工（铣削、钻削等）和抛光加工。这是由于 3D 打印的离散化数据处理过程大都采用了 STL 格式和二维分层技术，从而带来尺寸误差和阶梯效应。一般来说，分层厚度越小，精度越高，但同样所需的时间也越长，从而增加了打印制造成本。而传统机加工的减材制造方式具有高精度、高效率、加工柔性好、工艺规划简单等优点，正好能够弥补上述 3D 打印增材制造技术的不足。因此，将 3D 打印增材制造和数控减材制造有机结合，势必产生一种新的复合加工技术，即增/减材一体化制造，具有广阔的应用前景。图 10.6 所示为增/减材一体化制造的技术特征与优势。

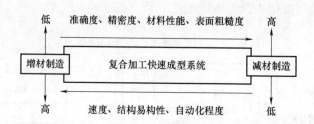

图 10.6　增/减材一体化制造的技术特征与优势

增/减材一体化制造是一种将添加和去除材料复合的制造方式，以"离散—堆积—控制"的成形原理为基础，如图 10.7 所示。首先，零件三维数据信息从上到下被离散成多层的二维轮廓信息，并通过粉料的激光烧结或熔化实现定点定量增材精确表达。然后，对成形材料进行切削加工（常用铣削方式），去除增材过程中的表面粗糙和不平整部分，为下一次激光增材做准备。重复激光增材和切削加工过程，工件尺寸形状信息层层叠加，直到工件三维信息的完全表达，即工件制造完成。

根据上述原理，可以在一台数控机床上集成两种制造方式——3D 打印增材和数控加工减材，即集成为增/减材一体化制造机床。这种机床可充分发挥两种制造方式的优势，开创全新的复合加工方式。

以德玛吉 LASERTEC 65 型增/减材一体化制造机床为例，其整体图如图 10.8a 所示，该机床能快速地制造复杂几何形状及个性化设计的三维工件。机床内部结构如图 10.8b 所示，机床刀库中包含常规机械切削加工刀具和激光堆焊所用的激光头（见图 10.8c），在加工过程中可以灵活转换。该机床不仅拥有粉末堆焊技术的灵活性和堆焊速度快的优点，还有铣削加工高精度和高表面质量的优点。

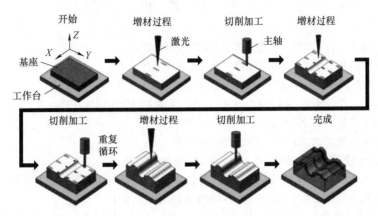

图 10.7　增/减材集成制造原理

a) 机床整体　　　　　　　b) 内部结构　　　　　　　c) 刀库

图 10.8　LASERTEC 65 型机床

　　LASERTEC 65 型机床增材与减材制造编程流程为：①基于 CAD/CAM 数据，划分待加工工件的增材式制造部位与减材式制造部位，对工件部位切片；②在处理器中生成激光加工及铣削加工的数控路径；③对增/减材过程进行三维运动仿真，检查碰撞并修改；④在机床上进行激光堆焊与铣削加工（可灵活切换）；⑤完成成品工件。

思考与练习题

　1. 简述 3D 打印的基本流程。

　2. 3D 打印逐层扫描有哪几种扫描方式？各有什么优缺点？

　3. 在 3D 打印软件中，CAD 和 CAM 模块分别完成何种工作？

　4. 试列举三类基材 3D 打印系统的典型方法及设备。

　5. 请解释 SLS 技术与 SLM 技术所制零件致密度和强度不同的原因。

　6. 简述增/减材一体化制造的基本过程。

　7. 你认为将来哪种 3D 打印技术最有发展前景？请阐述个人观点。

参 考 文 献

[1] 杨有君. 数控技术 [M]. 2版. 北京：机械工业出版社，2011.

[2] 梅雪松. 机床数控技术 [M]. 2版. 北京：高等教育出版社，2021.

[3] 李斌，李曦. 数控技术 [M]. 武汉：华中科技大学出版社，2010.

[4] 陈蔚芳，王宏涛. 机床数控技术及应用 [M]. 4版. 北京：科学出版社，2019.

[5] 易红. 数控技术 [M]. 北京：机械工业出版社，2005.

[6] 刘伟. 数控技术 [M]. 北京：机械工业出版社，2019.

[7] 于涛，武洪恩. 数控技术与数控机床 [M]. 北京：清华大学出版社，2019.

[8] 陈子银，陈为华. 数控机床结构原理与应用 [M]. 3版. 北京：北京理工大学出版社，2017.

[9] 裴旭明. 现代机床数控技术 [M]. 北京：机械工业出版社，2021.

[10] 王全景，刘贵杰，张秀红. 数控加工技术：3D版 [M]. 北京：机械工业出版社，2020.

[11] 杜君文，邓广敏. 数控技术 [M]. 天津：天津大学出版社，2002.

[12] 李郝林，方键. 机床数控技术 [M]. 3版. 北京：机械工业出版社，2020.

[13] 王爱玲. 机床数控技术 [M]. 2版. 北京：高等教育出版社，2013.

[14] 马宏伟. 数控技术 [M]. 2版. 北京：电子工业出版社，2014.

[15] 何雪明，吴晓光，刘有余. 数控技术 [M]. 4版. 武汉：华中科技大学出版社，2021.

[16] 许德章，刘有余. 机床数控技术 [M]. 北京：机械工业出版社，2021.

[17] 吴玉厚，李颂华. 数控机床高速主轴系统 [M]. 北京：科学出版社，2012.

[18] 张吉堂，刘永姜，陆春月，等. 现代数控原理及控制系统 [M]. 4版. 北京：国防工业出版社，2016.

[19] 杜正春，范开国，杨建国. 数控机床误差实时补偿技术及应用 [M]. 北京：机械工业出版社，2020.

[20] 朱晓春. 数控技术 [M]. 3版. 北京：机械工业出版社，2019.

[21] 王怀明，程广振. 数控技术及应用 [M]. 北京：电子工业出版社，2011.

[22] 孙冠群，李璟，蔡慧. 控制电机与特种电机 [M]. 2版. 北京：清华大学出版社，2016.

[23] 李虹霖. 机床数控技术 [M]. 上海：上海科学技术出版社，2012.

[24] 赵燕伟. 现代数控技术与装备 [M]. 北京：科学出版社，2014.

[25] 舒志兵. 线场总线网络化多轴运动控制系统研究与应用 [M]. 上海：上海科学技术出版社，2012.

[26] 王永章，等. 机床的数字控制技术 [M]. 哈尔滨：哈尔滨工业大学出版社，2015.

[27] 蔡志楷，梁家辉. 3D打印和增材制造的原理及应用 [M]. 陈继民，陈晓佳，译. 4版. 北京：国防工业出版社，2017.